光的世界

撰文/李培德　　审订/王伦

中国盲文出版社

怎样使用《新视野学习百科》？

请带着好奇、快乐的心情，
展开一趟丰富、有趣的学习旅程！

1 开始正式进入本书之前，请先戴上神奇的思考帽，从书名想一想，这本书可能会说些什么呢？

2 神奇的思考帽一共有6顶，每次戴上一顶，并根据帽子下的指示来动动脑。

3 接下来，进入目录，浏览一下，看看这本书的结构是什么，可以帮助你建立整体的概念。

4 现在，开始正式进行这本书的探索啰！本书共14个单元，循序渐进，系统地说明本书主要知识。

5 英语关键词：选取在日常生活中实用的相关英语单词，让你随时可以秀一下，也可以帮助上网找资料。

6 新视野学习单：各式各样的题目设计，帮助加深学习效果。

7 我想知道……：这本书也可以倒过来读呢！你可以从最后这个单元的各种问题，来学习本书的各种知识，让阅读和学习更有变化！

神奇的思考帽

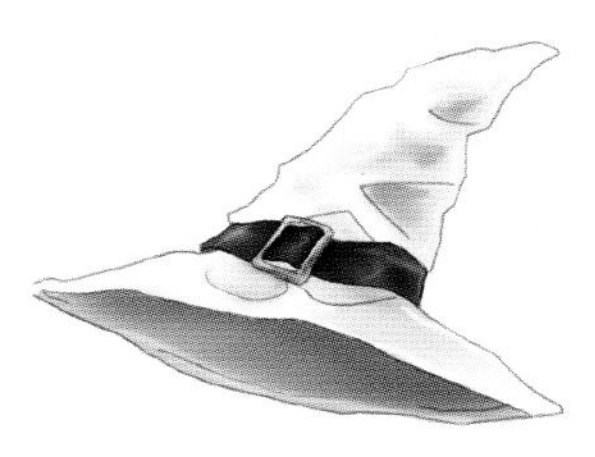
客观地想一想

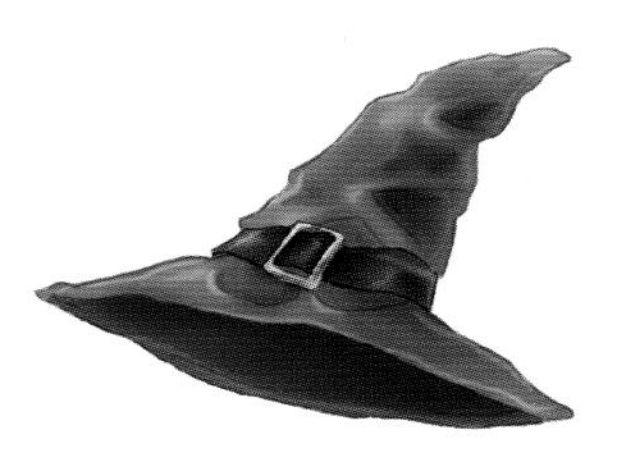
用直觉想一想

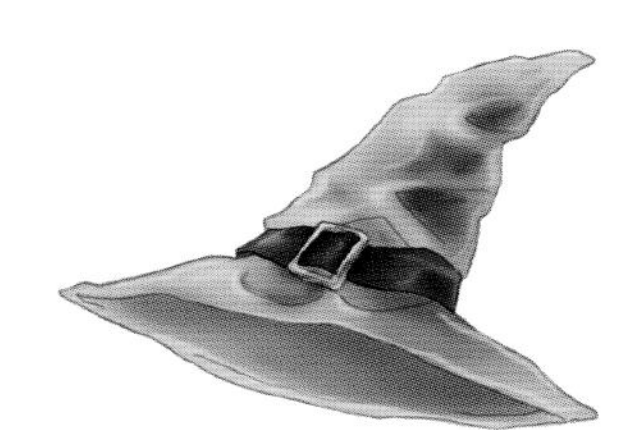
想一想优点

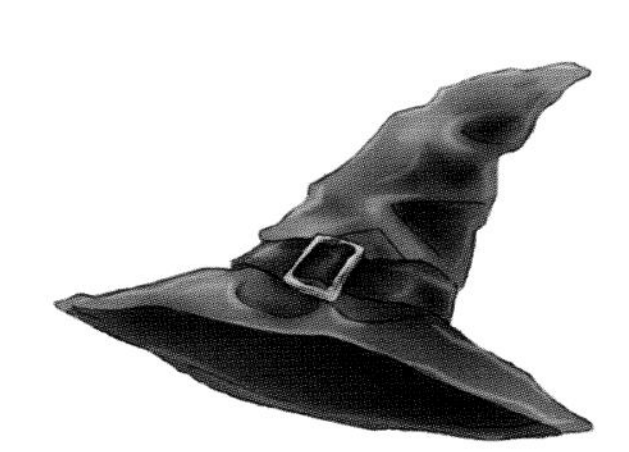
想一想缺点

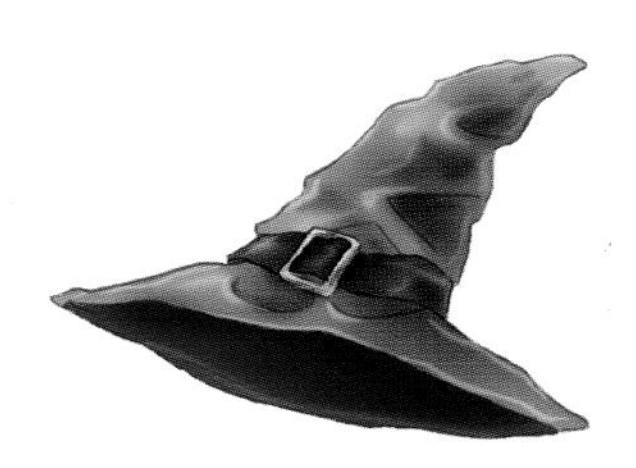
想得越有创意越好

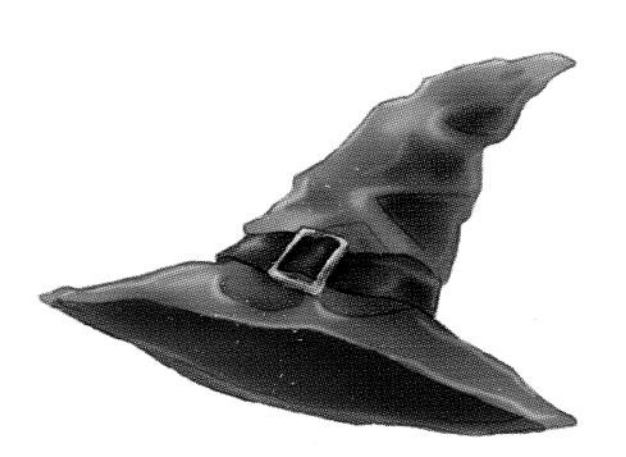
综合起来想一想

在你的生活中，曾经运用过哪几种光？

你最喜欢哪一种颜色的光？

生活中哪些物品运用到透镜？

灯泡是不是越亮越好？太亮的光对我们的健康或环境有什么影响？

停电时，可以用什么来照明？越有创意越好！

我们怎样利用光来创造更舒适的环境？

目录

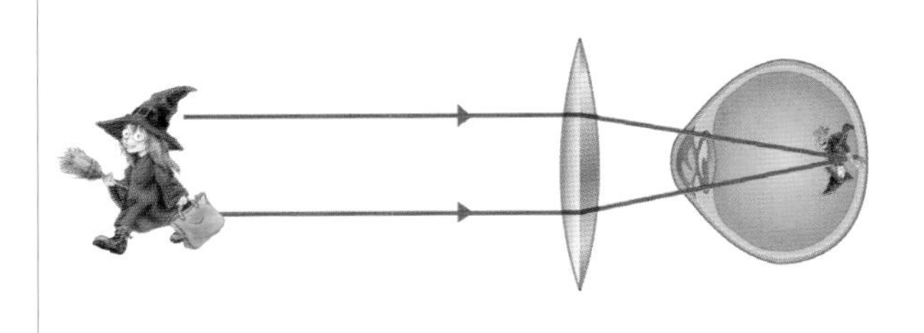

CONTENTS

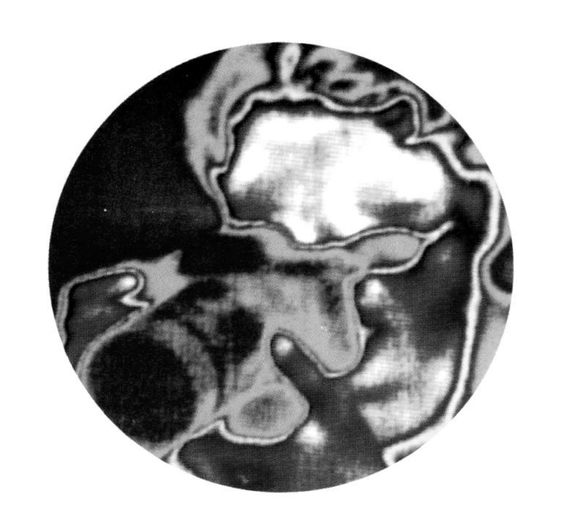

■专栏

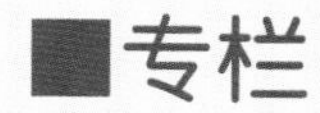

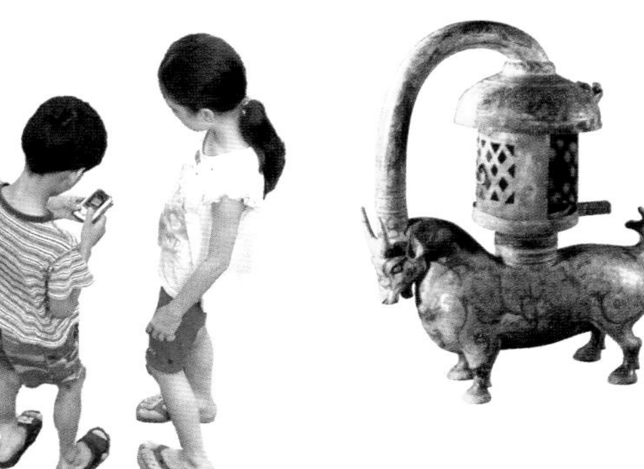

单元1

人类早期利用光的历史

最早，人类不了解光，对光有许多奇妙的想象，能产生光的太阳更被许多民族视为神圣的象征。在古埃及的神话中，太阳神“雷”创造了世界，而法老是太阳神之子；古希腊的太阳神“阿波罗”则主掌着光明、医药、诗歌与音乐等美好而重要的事物。

埃及哈托尔神庙中天花板的太阳浮雕。在埃及神话中，天空女神轮流吞食太阳和月亮，所以有了白日与黑夜。（摄影/黄丁盛）

利用火照亮世界

距今至少50万年前，人类的祖先已经懂得利用树枝钻木取火，或是敲击燧石产生火花，点燃易燃的物质。这些生火和控制火的方法，是人类文明的一大进步，使人类活动不再受到阳光照射的时间限制，可以在暗处活动。营火和火把成为人类最早的照明工具。

不过要保持火的光亮需要不断添加柴薪，使用不便。于是，人们发明了油灯和蜡烛，借由毛细作用的原理，油脂和融化的蜡油会沿着灯芯和烛芯上升；点火后，油灯和蜡烛的光亮便可以持续一段时间，要熄灭或点火也很方便。在煤气灯和电灯发明之前，数千年来它们都是日常生活中不可或缺的照明工具。

东汉时期的铜牛造型油灯，灯罩可以移动开合。上方的管状设计，使油烟通到装水的铜牛腹中。（图片提供/文物出版社）

用火光传递信息

在中国周朝时期，每当外敌侵犯，边境的守备就会点燃烽火，通知军队前来防御。疆域广大的罗马帝国，只要在一个堡垒

蜡烛在今日主要用于宗教仪式，例如天主教教堂中信徒点蜡烛祈愿。（摄影/郭可盼）

上出现预警的火光，距离很远的另一个堡垒便立刻点火传递警报。

公元前300年左右，亚历山大大帝在埃及北方的亚历山卓港建立起一座高大的灯塔，在上面燃烧柴火并利用镜子反射光线，引导夜间航行的船只。后来的灯塔则以控制灯光明灭的方法，传送信息给海上航行的船只。

日晷

日晷是最古老的计时装置之一，它是在划分了时间刻度的平面或弧面上，立起一根杆子，根据日光下影子的长度或角度，来判断时间。巴比伦人在公元前2000年就发明了日晷，他们在一个大圆的圆心位置竖立木杆，圆周则被划分成360格。公元前1500年埃及人制作了T字形的影钟，有一个立杆和长条形的底座。

古希腊、罗马以及中国也同样采用日晷来计算时间。随着纬度的高低和季节等因素，太阳照射的角度和时间都会发生改变，为了更准确计时，日晷发展出许多不同的形式。

英国索尔斯比建筑上的垂直式日晷，上方刻有剧作家莎士比亚的名言：人生如行影。

北京故宫的赤道式日晷，晷面倾斜角度和纬度相同，针尖指向北极方向。（摄影/黄丁盛）

埃及的亚历山卓灯塔也称为法洛斯灯塔，是世界七大奇迹之一，在14世纪因为地震而损毁。据说灯塔高达130米，塔顶的灯火在50公里外也能看见。（插画/王怡人）

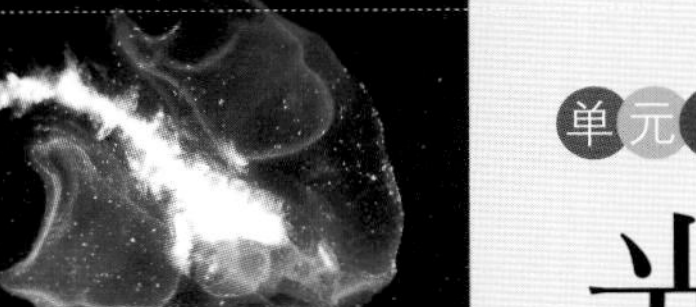

单元2

光的来源

一旦有了光，我们就可以看清楚四周，不再害怕黑暗，而光是从哪里来的呢？

自然的光

太阳的表面温度高达5,500℃，发出的光与热，只有二十亿分之一到达地球，就足够使万物欣欣向荣。

太阳是宇宙中离我们最近的光源。太阳借由内部的“核融合”反应，释放出大量的光以及其他电磁能，不仅照亮了地球，还是地球主要的能量来源，孕育了地球上无数的生命。宇宙中像太阳这样自己发光的星体称为恒星。恒星的体积越大、表面温度越高，发出的光也越强。

除了太阳光以外，自然界中的生物，例如萤火虫和某些深海鱼类，也会借由化学反应发光，用来吸引异性或猎物。

人造的光

科学家为了发明理想的照明设备，尝试过很多途径。直到1879年，被称为“发明大王”的美国人爱迪生，把棉线烧成碳丝装进灯泡，当电流通过时，产生高温使灯丝发

加拿大温哥华的夜景。商业大楼和住宅过多的照明灯光，也是一种对周围环境的污染，称为“光污染”。在光污染严重的地区，晚上抬头几乎看不见天上的星星。（摄影/黄丁盛）

坎德拉是测量灯泡亮度的单位，1个60瓦的白炽灯泡亮度大约是60坎德拉。但是节能灯泡只要1/5的电能，就能产生同样的亮度。

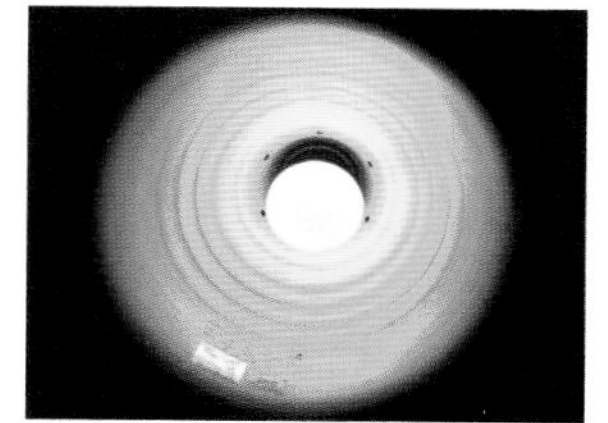

出了很亮的光芒，并持续了45小时，这就是最早的电灯！后来爱迪生改用钨丝做灯丝，延长了灯泡寿命，也使灯泡更加普及。

不同的电灯种类

利用电流加热灯丝而发光的灯泡，称为“白炽灯”。这种灯泡的缺点是很浪费电能，因为只有不到10%的能量会被转变成光。

我们常使用的日光灯也叫作荧光灯，灯管内装有氖气、氩气和微量的水银蒸气，通电时涂在灯管内的荧光物质会吸收紫外线，发出明亮的荧光。

霓虹灯的灯管中装着低压的氖气，当微弱的电流通过灯管时，会产生橘红色的灯光，在晚上特别醒目，常作为商店招牌。

1950年左右出现了水银灯，由于它的亮度高、使用寿命长，至今世界上许多城市，都还是普遍将它作为街灯使用。

霓虹灯的玻璃灯管，可以制作成不同造型，使商店的门面更具特色。（摄影/张君豪）

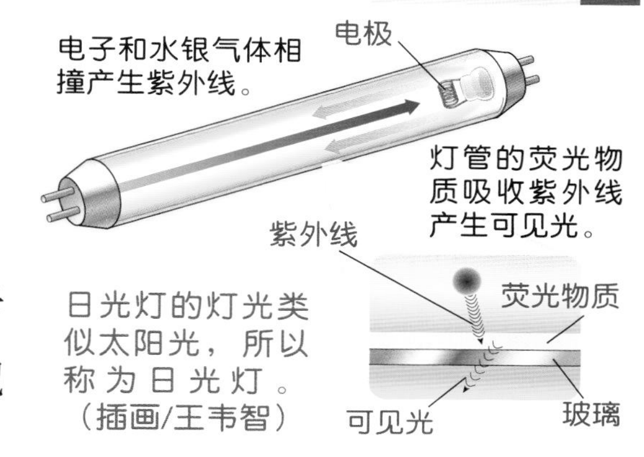

日光灯的灯光类似太阳光，所以称为日光灯。（插画/王韦智）

不发烫的荧光

自然界中的萤火虫，靠着一种叫“荧光素”的物质跟氧气发生化学反应而发光。可是当我们用手触摸萤火虫时，并不会有发烫的感觉。因此，这类光称为“冷光”。

中国有“萤囊夜读”的成语，其典故是东晋时期的车胤借由萤火虫的光在夜间苦读的故事。据说古代的英国水手也曾在航海时拿萤火虫照明，光虽然微弱但可避免被海盗发现而遭偷袭。如今，军队在作战时也会将冷光物质涂在手上，便于在黑暗中查看地图而不被敌军发现。

夏天的夜晚，萤火虫靠腹部的荧光寻找伴侣。因为环境的污染，萤火虫在都市几乎绝迹了。（图片提供/廖泰基工作室）

单元3

可见光与不可见光

短　波长　长

X光　紫外线　红外线　无线电波

可见光

紫　靛　蓝　绿　黄　橙　红

电磁波和可见光的光谱。（插画/王韦智）

1863年，苏格兰科学家麦克斯韦尔提出，看得见却摸不着的光，其实是一种电磁波，以波动的方式传递能量。宇宙间有各种波长的电磁波，人类所能看到的光只是其中的一小段。

可见光

人类肉眼可以看见的光，一般称为可见光。可见光的波长在0.4—0.7微米之间，1微米的长度只有1厘米的万分之一。可见光随着波长不同呈现出不同颜色，分别是红、橙、黄、绿、蓝、靛、紫等色光，其中波长最长的是红色光，波长最短的是紫色光。1666年英国科学家牛顿利用三棱镜，将太阳光折射分解，首次发现白色的太阳光其实由各种色光混合而成。

牛顿在暗室中使用三棱镜，将由洞中射入的太阳光分解成7种色光，证明了白光是由不同波长的色光组成的。（插画/邱静怡）

红外线与紫外线

广义的光还包括红外线和紫外线，它们位于可见光波长范围之外，人眼无法看见，称为“不可见光”，即波长范围落在红色光和紫色光之外的光。

红外线的波长范围在0.7—1,000微米之间，自然界的物体都会散发红外线，温度越高时波长就越长。夜视镜一类的仪器，能够感应红外线，把物体的温度转换成可见的影像，即使在黑暗中也能够观察四周。电视机的遥控器同样是利用红外线传送信号。

红外线卫星影像以不同颜色代表温度的高低，图中红色处是温度最高的绿色植被；深蓝色处则是温度最低的河流。（图片提供/达志影像）

紫外线的波长在0.1—0.4微米之间，人类的眼睛虽然看不见紫外线，但是某些鸟类、爬行类和昆虫的眼睛可以感应到紫外线，例如在蜜蜂眼中，花朵的颜色显得特别艳丽，使它们更容易采集到花蜜。

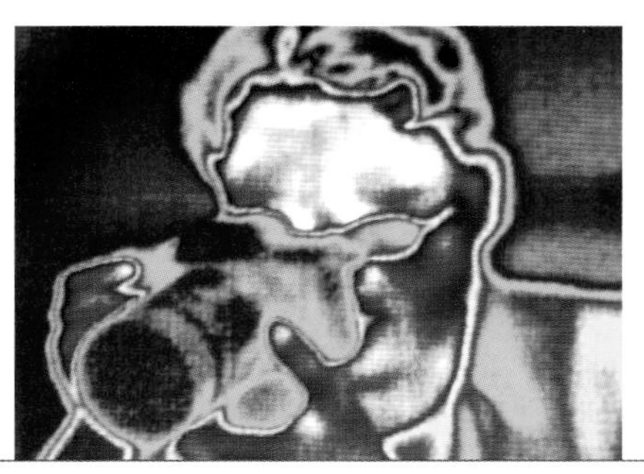

左图：红外线摄影机拍摄的影像，可以看出人的脸和手的温度最高。（摄影/张君豪）

右图：紫外线光可以用来侦测荧光物质。图中是生活中常见的含荧光剂的物品。（图片提供/台湾自然科学博物馆）

紫外线的益处与害处

紫外线简称UV，自然界中最主要的紫外线来源就是太阳。紫外线具有消毒、杀菌的作用，还可以促进皮肤中维生素D的合成。紫外线可以侦测出肉眼看不到的荧光，因此专家使用紫外线来鉴定绘画等艺术品的真伪，或是侦测文件上修改的痕迹。

过量的紫外线对我们的皮肤和眼睛有害，甚至会造成皮肤癌。大气中的臭氧层可以隔绝一部分紫外线，但近年来臭氧层愈来愈稀薄，减弱了保护作用，使紫外线对于健康的威胁逐渐增加。

两极的臭氧层产生空洞后，在阳光下活动要注意紫外线的威胁。（图片提供/廖泰基工作室）

单元4

光与颜色

一般自己不发光的物体，都是通过反射外界的光来显现色彩。当反射了所有的光，物体看起来就是白色的；而吸收了所有的光，物体看起来就是黑色的。

变色龙的皮肤中含有各种色素细胞，可以随环境改变身上的颜色。

物体的颜色

我们平常所说的物体颜色，是指被太阳光照射后物体呈现的颜色，也称为物体的本色。例如阳光下的树叶是绿色的，绿色是叶子的本色。但是，在红光照射下，树叶会变成黑色；用紫外线照射，又变成了火红色。这种被特殊色光照射后所呈现的颜色，称为“衍生色”。红苹果只反射红色的光线，吸收其他的色光；一旦改用绿光照射，因为没有红光可以反射，而绿光又被吸收，所以红苹果就变成了黑色。

眼睛看到的缤纷色彩，是因为物体反射各种颜色的光。这张彩色图片的印刷，是利用品红、黄色、青色和黑色，4个不同的色版叠合，才产生出正确的颜色。

青色

品红

黄色

黑色

光的三原色

所谓“原色”，是指光线中的一种色彩无法再被分解出其他的色彩，或是用其他的色光无法混合得到的色彩。

光的三原色分别是红、绿、蓝。以适当的比例混合这3种色光，能产生各种不同的颜色。当等量的3种色光重叠时，会产生白光。舞台上常利用有色滤镜制造出红、绿、蓝的色光，只要控制它们混合的程度，就能产生千变万化的灯光效果。

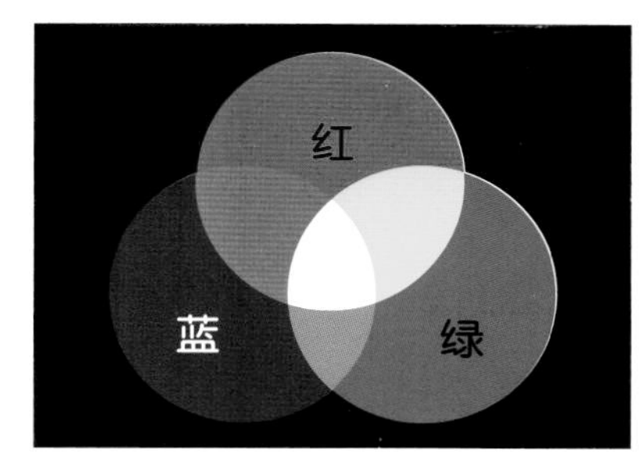

光的三原色：红、绿、蓝，3种光重叠时产生白光。

颜料的三原色

你用过水彩画画吗？只要用简单的品红、黄色和青色这3种主要颜料，就可以调配出你想要的各种颜色。颜料混色的规则和光不一样，把颜料的三原色混合在一起得到的是黑色。你现在阅读的这本书，就是利用品红、黄色、青色和黑色的油墨印刷而成，因此称为四色印刷。

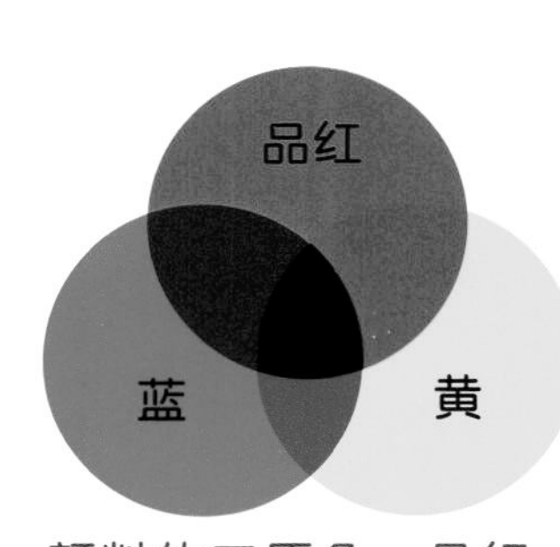

颜料的三原色：品红、黄、蓝，把3种颜色混在一起就可以得到最深的黑色。

右图：日本东京迪士尼乐园，夜晚游行的花车上布满了色彩缤纷的小灯泡。(摄影/杨雅婷)

电脑与电视的色彩

电视机及电脑荧幕里都有能产生红、绿、蓝三原色的发光装置。因为混合三原色几乎可以呈现所有的颜色，因此电脑就用RGB(分别为红、绿、蓝的英文开头第一个字母)来标识颜色，每种颜色又有256种变化，3种颜色组合起来共有1,600多万种变化，刚好是2的24次方，这也是我们常听到的24位全彩色的由来。

一般人的眼睛可以分辨120种颜色，由于电脑中颜色变化的层次已超出人眼分辨的程度，因此电脑能呈现出栩栩如生的影像。

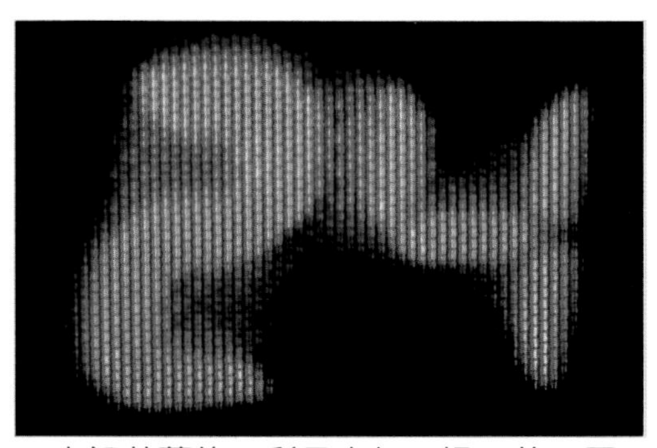

电视荧幕的色彩是由红、绿、蓝三原色的光点组成的。(摄影/张君豪)

单元5

光的行进

光在物质中传播时，主要的特性是会沿直线前进，所以我们常将光称为“光线”。

直线行进的光

光在行进时若遇到物体阻挡，物体背后没有光的部分，就会形成相同轮廓的阴影，这个现象说明了光直线行进的特性。天气炎热时，人们会躲在树荫下乘凉。因为直线前进的阳光被浓密的树叶挡住，形成凉爽的阴影。这时如果有微风吹过，枝叶摇动，阳光便会穿过枝叶间的空隙，在地面形成晃动的亮点。

光线直线前进，碰到物体阻挡时，没有光的地方就产生影子。图中是光线穿过一个几何形状的凉棚，在地上产生投影。

有趣的手影

我们可以利用光和影的原理，玩有趣的手影游戏。在灯光前用手模拟各种动物的形状，这时墙上会出现轮廓

影子方向永远和光源相反，3位摄影师在拍摄这位乌兹别克斯坦妇女时，却让西斜的夕阳把自己的影子映在了墙上。（摄影/黄丁盛）

相同的影子。试着把手靠近灯光，由于遮挡的幅度增加，墙上的影子变大。手离灯光越远，影子就越小。

影子的深浅会随着灯光与墙壁的距离变化。当灯光越靠近墙壁，照在墙上的光线越强，明暗对比增加，影子会比较黑。相反的，当灯光远离时，墙上的光线减弱，影子的颜色就显得比较淡。

站在窗前的一家人阻挡了来自窗外的光，所以在背面产生了黑色的剪影。（图片提供/廖泰基工作室）

日食和月食

日食和月食的产生与光直线行进的特性有关。当月球运行到地球与太阳之间，三者约呈一条直线时，月球挡住了太阳光，在地球上看不到完整的太阳，于是产生日食现象。若是地球运行到了太阳和月球之间，月球被地球的影子遮盖，就会产生月食现象。

日食的成因

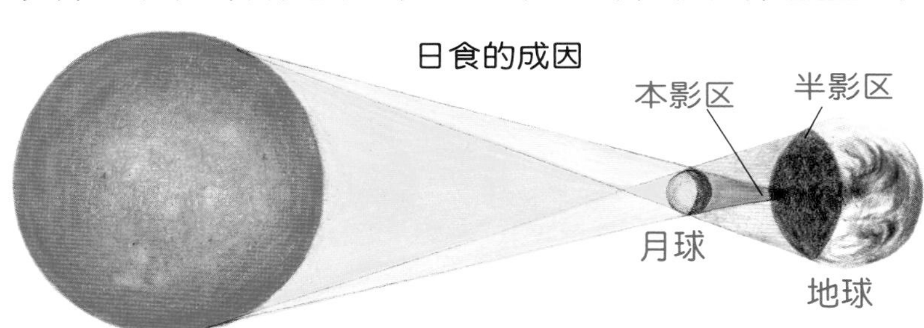

当月球的影子投射在地球上，就会产生日食。本影区完全照不到阳光，半影区则有部分阳光照射，位于本影区内的人可以看见日全食。

月食的成因

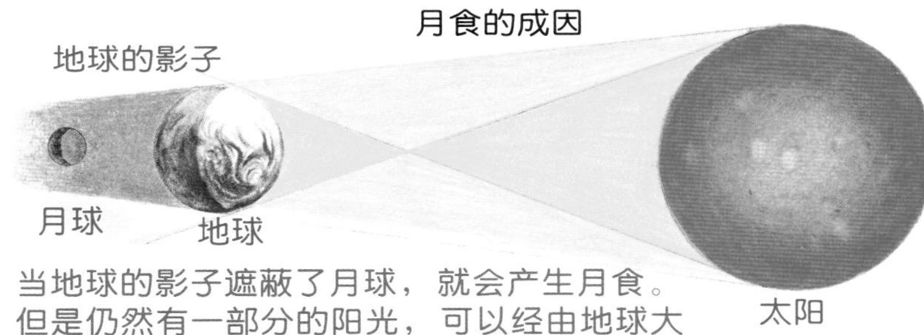

当地球的影子遮蔽了月球，就会产生月食。但是仍然有一部分的阳光，可以经由地球大气层的折射到达月球表面。（插图/张文采）

光跑得有多快

夏日午后雷阵雨，总是先看到闪电，然后传来打雷的隆隆声。这是因为光传播的速度比声音快。

光的行进速度是每秒30万公里，1秒钟可绕地球7.5圈。太阳发出的光传到地球，只需要8.3分钟。宇宙中星球之间的距离非常遥远，因此采用“光年”作为测量单位，也就是光连续跑1年的距离。1光年相当于9.5兆公里。例如北极星距离地球431光年（4,094.5兆公里），也就是说，从北极星发出的光，需要经过431年才会到达我们的眼睛。

雷雨时云层释放大量电荷，产生了闪电和雷声。

单元6

光的反射

夜空中最明亮的光源要算是月亮了，但是月亮并不会发光，它只是反射了太阳的光。

物体反射光

当光碰到物体时，一部分光会被吸收，一部分光会穿透物体，还有一部分光会被反射。古希腊的学者柏拉图和欧几里得都曾经观察到光线的反射现象，并提出了光的入射角度等于反射角度的结论。

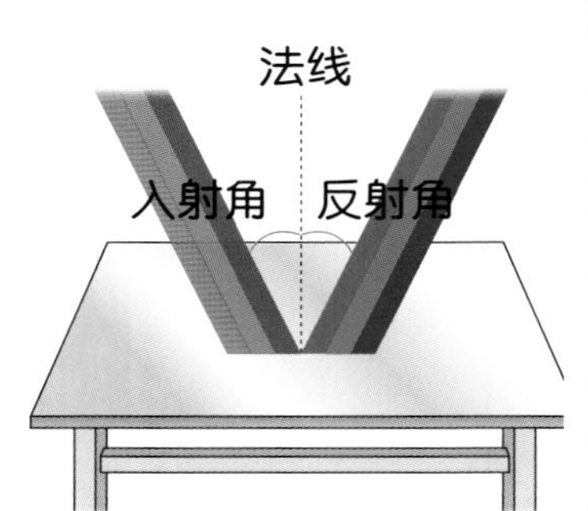

在光滑的表面上，光线平行射入时会朝同一方向反射，反射角等于入射角。

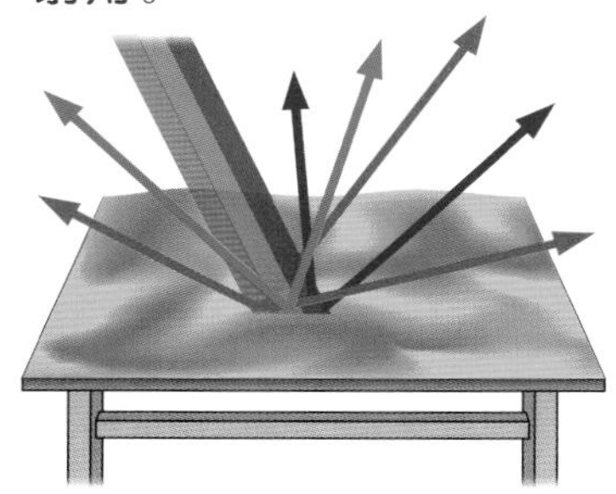

在粗糙的表面上，平行射入的光线会分别向不同方向反射，称为漫射。（插画/王韦智）

一般来说，表面愈光滑的物体，反射光的能力愈强。物体反射光线的能力称为反射率。例如黄金的反射率可达99%，因此古代的艺术品常用耀眼的黄金作为装饰。

两面平行的镜子会来回反射无数的影像。

把360°除以镜子的夹角，再减去1，就是镜子反射的影像数。

平静的水面能够像镜子一样反射影像。图中的湖水映照出两只正在喝水的羚羊。

镜子与反射

镜子是运用光反射成像的常见例子。距今约4,000年前，古埃及和中国已开始使用青铜镜，希腊人和罗马人则使用锡和银等金属制成镜子。到了16世纪，威尼斯出现了用平面玻璃制造的镜子，并在玻璃背面涂上反光的金属，让镜子能反射最多的光线。

凹面镜和凸面镜

我们在平面镜里看到的影像，跟实际的物体大小相同，但是左右相反。不过在游乐场里照哈哈镜，或是以金属杯子照自己，反射出来的影像却是变形的。这是因为有弧度的镜面让光线反射的结果。

汤匙的背面像是一面凸面镜，可以看到缩小的正立影像。汤匙的正面则像是一面凹面镜，把脸靠近时，会看到放大的倒立影像；把汤匙拿远一点，则看到缩小的倒立影像。

通过凸面镜能看到的范围较广，因此商店通常会在角落的天花板上安装凸面镜，让店员可以察看店内角落的情形。

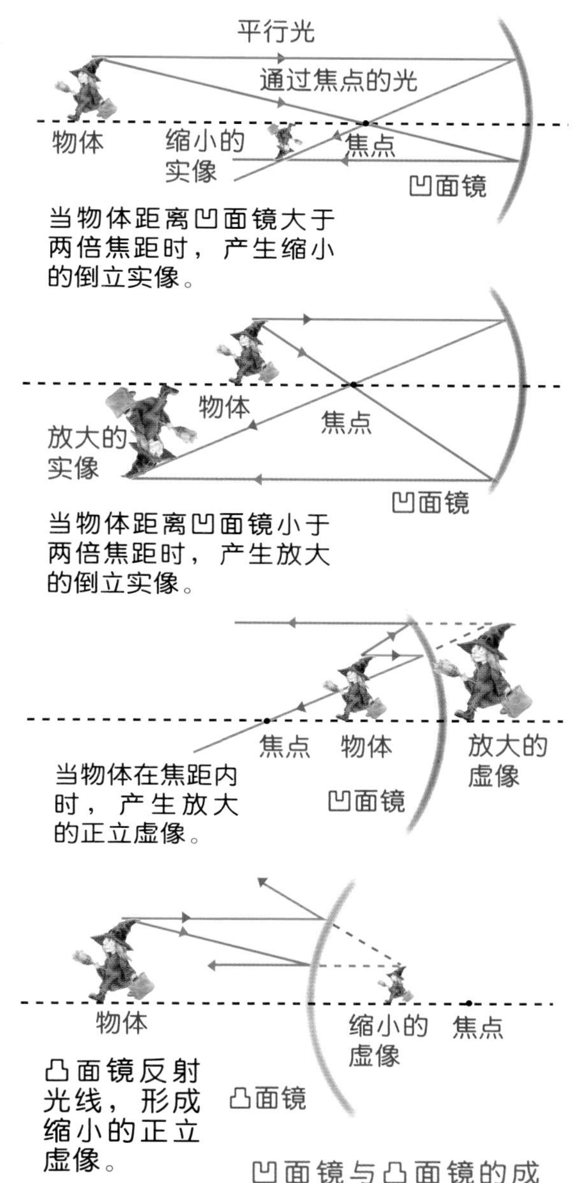

凹面镜与凸面镜的成像。（插画/吴昭季）

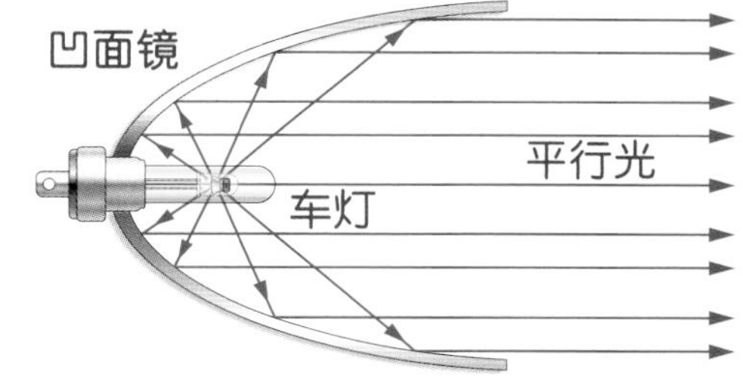

车灯的构造是一种凹面镜，车灯位于焦点的位置，由焦点发出的光经过凹面镜反射，成为平行光。（插画/王韦智）

加强交通安全的反光装置

在日常生活中，人们常利用反射的原理来加强交通安全。例如在车上安装后视镜，通过镜子，驾驶员可以很方便地察看车后方的状况。车灯内装有一种凹面镜，原本向四面八方扩散的灯光经过凹面镜的反射后，会平行前进，使灯光可以照到很远的距离。山路转弯处安装凸面镜，帮助驾驶员看清楚对面是否有车辆接近，不会因为视线受阻而发生意外。光线不佳的隧道内，在地面或墙面上安装反光装置，能反射车灯发出的光，让驾驶员看清楚车道的方向。

山路旁的凸面镜。（摄影/张君豪）

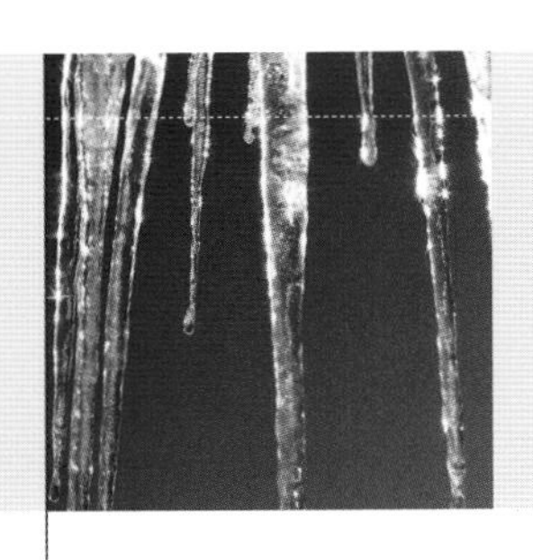

单元7

光的穿透

玻璃橱窗内的玻璃艺术品。光线碰到物体时有一部分被反射或吸收，透光的物体则容许光线穿透。（摄影/许元真）

为什么有些物体是透明的？当光照射在物体上，会发生反射、吸收或穿透的现象。有些物体能让多数的光穿过，就算隔着它也能清楚地看到另一侧的景象，我们把这类物体称作是透明的。

透明与不透明

水、玻璃、空气等可以让大部分光穿透的物质，称为“透明物质”。商店面向街道的橱窗常安装大块的透明玻璃，透过玻璃，顾客可以清楚地看到店内陈设的商品。

光线可以完全穿透的物体是人眼看不见的，我们看得见透明的玻璃，是因为仍有部分光线被玻璃反射。

有些物质只能让部分光穿透，称为“半透明物质”，例如描图纸、玻璃纸、果冻等。透过描图纸往外看，会发现物体的影像变得模糊。把几张半透明的描图纸叠在一起时，能够穿透的光线就更少了。至于金属、木头、牛奶等能将光线完全反射或吸收的物质，称为“不透明物质”。拿起一块木头放在眼前，你会发现无法透过木头看到任何东西。

教堂内的玻璃花窗利用玻璃的透光效果，以不同颜色、形状的玻璃镶嵌在窗格上，形成栩栩如生的圣经故事。（摄影/许元真）

雾气中的小水滴使光线向不同方向散射，所以看起来是一片白蒙蒙的景象。

物质的结构与光的穿透

物质由原子组成，而物质中原子的疏松或紧密决定了光能否顺利穿透。一般来说，在固体中，原子排列得很紧密，射入的光很容易碰到原子，所以大部分固体是不透明或半透明的；在液体中，原子排列得较稀疏；在气体中，原子间的距离变得更大，射入的光线可以很顺利地穿过气体，所以大部分气体是透明的。

此外，原子的排列方式也会影响到光的穿透。例如钻石与石墨同样由碳原子组成，但钻石中的原子交错排列，光线可以穿透；石墨中的原子是一层层重叠排列，光线无法穿透。因此钻石是透明的，而石墨却是黑色、不透明的。

半透光的灯罩产生较柔和的光线，能够增加舒适的气氛。（摄影/许元真）

石墨和钻石的原子结构。（插画/王韦智）

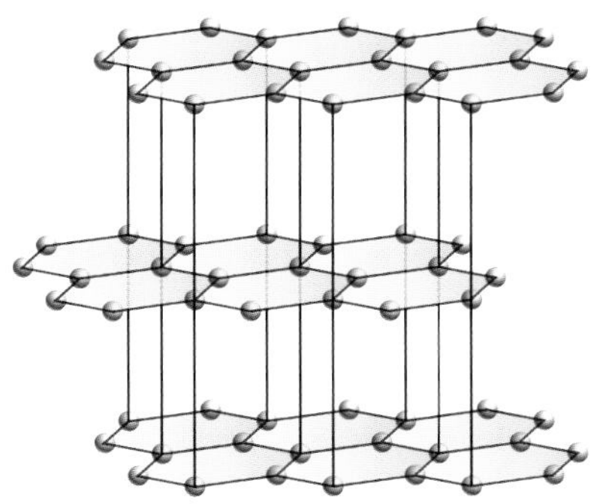
石墨中的碳原子一层层重叠排列，所以光线无法穿透。

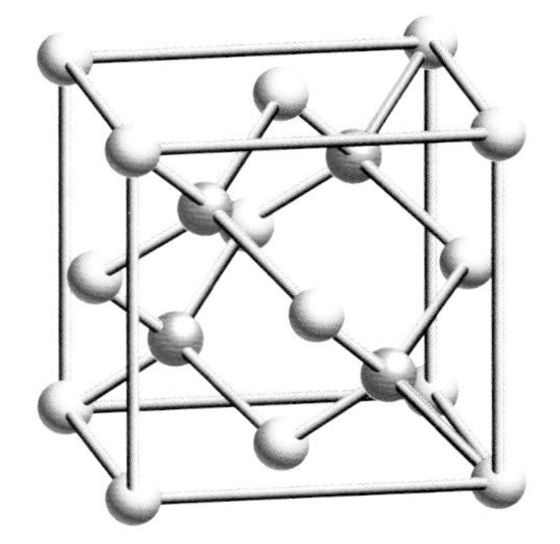
钻石中的碳原子交错排列，所以光线能够穿透。

X光的穿透力

19世纪末，德国物理学家伦琴发现了X光。X光的波长比一般可见光短，而且具有很强的能量与穿透性。

由于人体骨骼、牙齿的密度非常高，可以阻挡X光穿透，所以在照片上呈现白色影像；心脏、肺等器官也可以阻挡部分X光；血液、肌肉等则无法阻挡X光，所以影像是黑色的。换句话说，对X光而言，人体中分别有不透明、半透明以及透明的物质。因此，在X光片上就会出现不同明暗的变化，通过解读X光片，医生就能了解病人身体内部的状况。

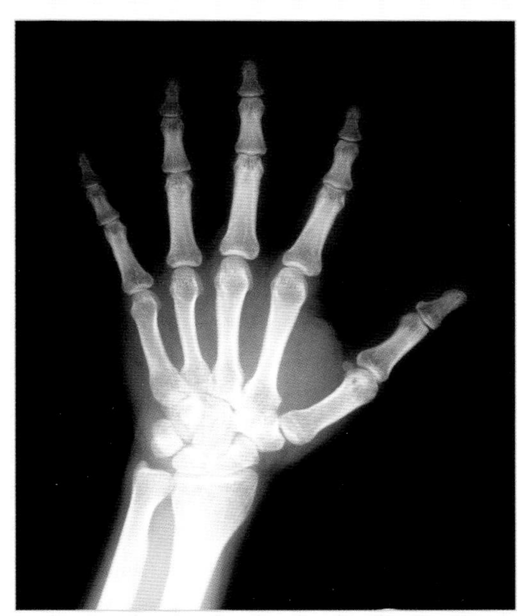
在手部X光片中，可以清楚地看见骨骼。

单元8

光的折射

喝饮料的时候，你有没有留意过：为什么玻璃杯里的吸管，看起来好像折断了？其实，这是光的折射造成的错觉！

折射的原因

光在不同物质中的传播速度不一样，因此当光从一种物质进入另一种物质时，因为速度改变了，使整束光前进的角度产生偏折。光在真空中传播的速度最快，当光进入水或玻璃时，传播速度变慢，便会向内偏折；但是当光从水或玻璃中进入空气时，因为传播速度变快，而向外偏折。光在两种物质中的速度差距愈大，偏折的程度也就愈大。

当光线向外偏折的角度过大，无法穿过物质的交界进入另一种物质时，光线会被完全反射回原来的物质中，这种现象称为“全反射”。

光先进入玻璃一侧时速度发生改变，产生偏折。

60°

玻璃

30.4°

60°

60°

水

40.6°

60°

光在玻璃中的传播速度比在水中慢，所以从空气进入玻璃的折射角度更小。但是当光回到空气时，又会被偏折一次，跟原来的方向平行。（插画/王韦智）

当偏折的角度太大时，光无法进入空气而直接在水中全反射。（插画/王韦智）

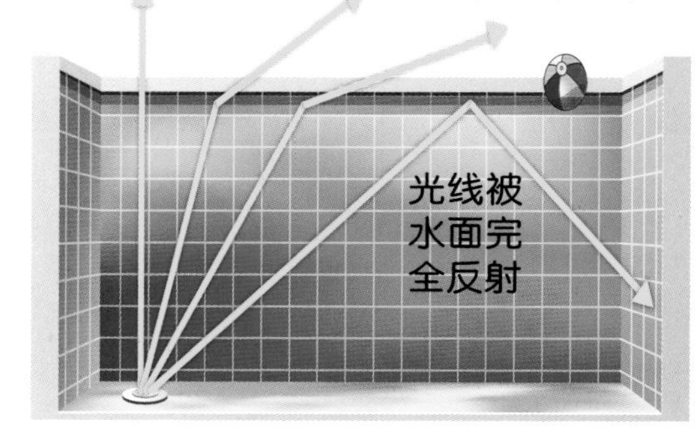

游泳池底部经过光的折射，看起来比实际上浅，千万不可以大意哦！

折射与错觉

了解光的折射原理后，我们会发现：虽然光的前进方向偏折了，但是眼睛仍以为光是直线前进的，而自动将光线反向延伸，形成错觉。这就是为什么水中的吸管看起来好像断成了两截，水里的鱼看起来比实际上更接近水面，而游泳池看起来也好像比较浅。

大气中的折射现象

雨后的天边可以看到美丽的彩虹。这是因为空气中有许多小水珠，将阳光折射产生色散的结果。因为7种色光经过小水珠折射时，偏折的角度都不一样，所以各自形成一条色带，组合成七色的彩虹。

夜空中星光一闪一闪的，也是因为受到折射作用的影响。来自太空的星光到达地球时，必须穿过密度不均匀而且不断扰动的大气层，因而产生明暗交替的变化，所以我们看见的星光，就好像在夜空中闪烁一样。

雨后的天空中，阳光经过小水珠的折射，产生了彩虹。若是天气条件良好，还会在外层出现第二道彩虹——霓，霓和彩虹的颜色顺序正好相反。（图片提供/廖泰基工作室）

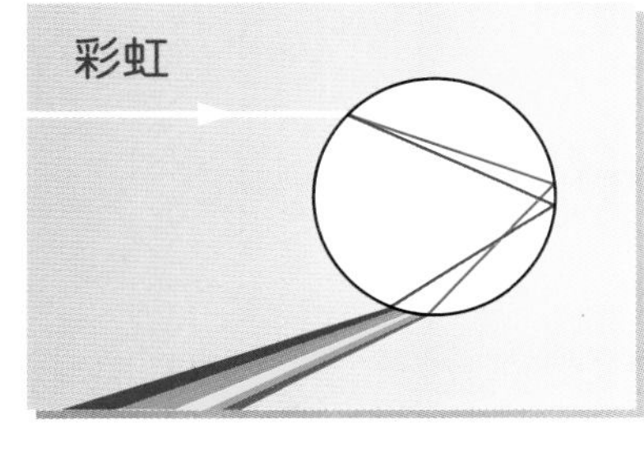

阳光从较高的角度进入小水珠，经过一次全反射，产生彩虹。

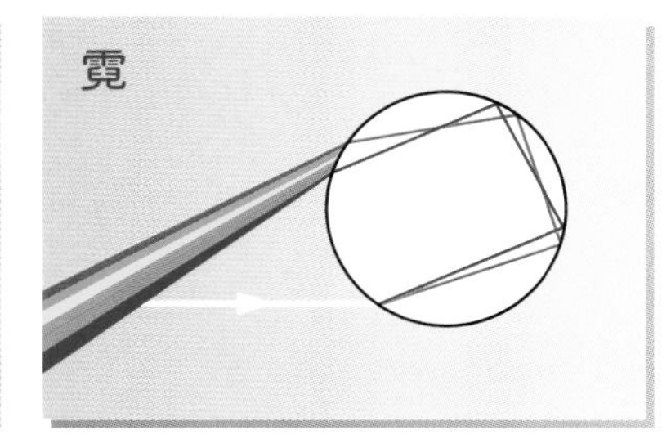

阳光从较低的角度进入小水珠，经过两次全反射，产生颜色比较淡的霓。（插画/王韦智）

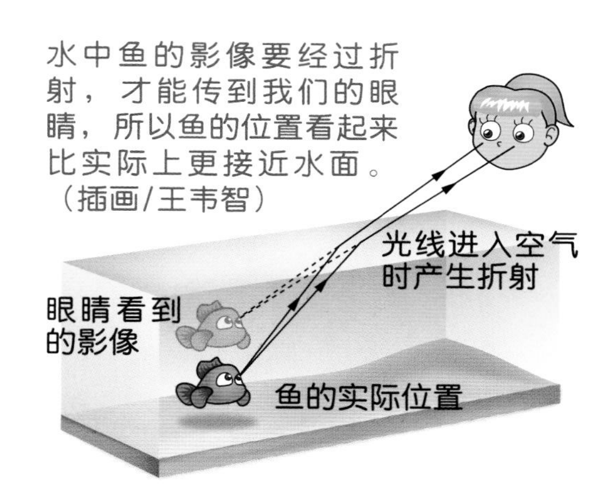

水中鱼的影像要经过折射，才能传到我们的眼睛，所以鱼的位置看起来比实际上更接近水面。（插画/王韦智）

钻石为什么特别耀眼

钻石是硬度最高的矿物。由于折射率很高，光进入钻石后容易产生全反射现象。钻石切割面的角度须经过精密计算，好让最多的光在钻石内部不断反射产生灿烂的效果。此外，钻石还具有高度色散的特性，白色光经过钻石的折射进入空气时，会被分解成各种不同的色光，因此产生闪耀的七彩光芒。

轻松动手做：在碗中放置贝壳或是鱼形饰品，慢慢蹲下直到看不见鱼和贝壳为止。把碗中加满水，竟然看到鱼和贝壳的影像了。

（摄影/张君豪）

单元9

光的本质

光的本质究竟是什么？几百年来，科学家尝试用粒子或波动的理论来解释光，却发现单一理论无法完整解释光的所有现象，必须将两种理论加以结合。

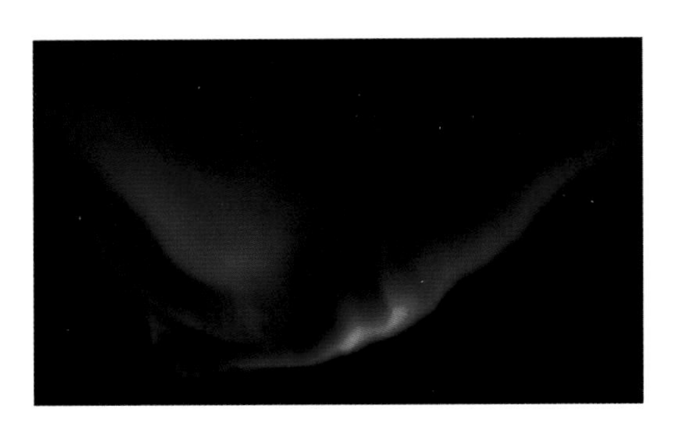

来自太阳的高能量电子与两极地区的磁场产生作用，在高层大气中与气体分子碰撞，形成绚丽的极光。

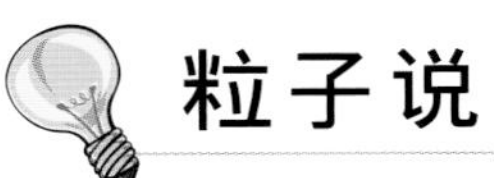

粒子说

17世纪时，牛顿根据光学实验的结果，提出“光是一种粒子”的看法。由于光是直线行进，照到物体会反射，就像球打到墙壁会反弹一样，符合一般人的直觉，加上当时牛顿即将受封为爵士，“粒子说”一度广为人们接受。

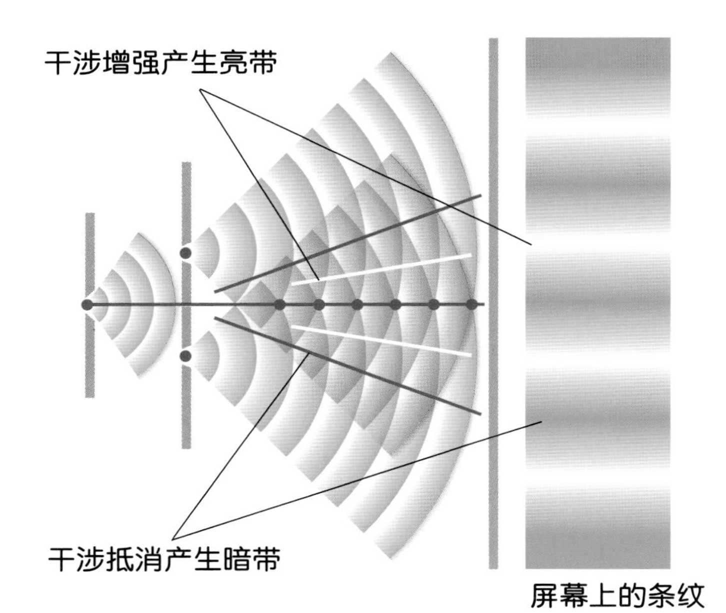

双缝实验中，光经过第一道狭缝后扩散开来，然后经过两道狭缝产生两股互相干涉的波。在屏幕上最亮的地方代表两股波重叠增强，最暗的地方代表两股波互相抵消。（插画/王韦智）

波动说

同时，荷兰物理学家惠更斯提出“波动说”的概念，主张“光是一种波动”而不是粒子。惠更斯指出：当我们让两道光交会，这两道光并不会因相互碰撞而改变行进方向，依然笔直地前进，由此可见，光不是粒子。

19世纪初，英国物理学家托马斯·杨发表“双缝

干涉作用。（插画/王韦智）

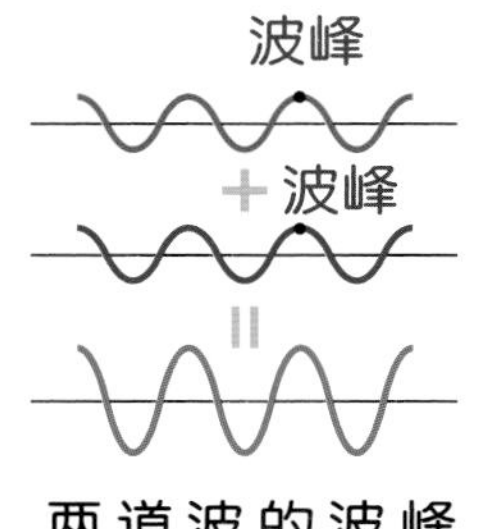

两道波的波峰重叠时就会增强，成为两倍高的波。

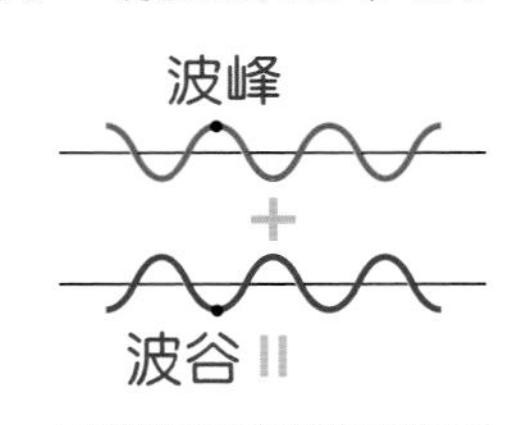

两道波的波峰和波谷互相重叠时，就会互相抵消。

红莲灯身上的蓝色霓彩，是光经由鱼鳞反射所产生的干涉现象。

阳光下的肥皂泡因为干涉作用产生七彩的纹路。（摄影/张君豪）

实验”，为波动说提供了有力证据。托马斯·杨让太阳光通过两道狭缝，结果在屏幕上形成了明暗相间的光带，而不是两个细长的亮点。由实验结果推论，只有当光是一种波动，通过狭缝时才会扩散开来。因为平常直线前进的光，碰到小于波长的物体时，就会遵循波动的原理。

波粒二重性

由于“粒子说”与“波动说”可以各自解释光的部分现象，也同时无法完全解释光的所有现象，两派科学家因此产生激烈辩论。直到1905年，爱因斯坦在“光电效应”的论文中提出“光子”的概念，认为光同时具有波动与粒子两种特性，这才圆满地化解了数百年来的争执，也让爱因斯坦获得了1921年的诺贝尔物理学奖。

生活中的干涉现象

双缝实验中看到的明暗条纹，其实是两道光波互相干涉产生的结果。生活中有许多干涉现象，例如肥皂泡表面变化的彩色花纹、蝴蝶翅膀或热带鱼身上绚丽的霓彩，还有激光唱片背面反射的七彩光芒等等。

干涉现象的发生是因为来自同一光源的光波分不同路径传播，如果两道光波传播的距离差，刚好是波长的整数倍，那么它们的波峰和波峰就会重叠，产生加强的波，而我们的眼睛就会见到这种色光。随着角度的不同，经由干涉现象看到的色光也就不同。

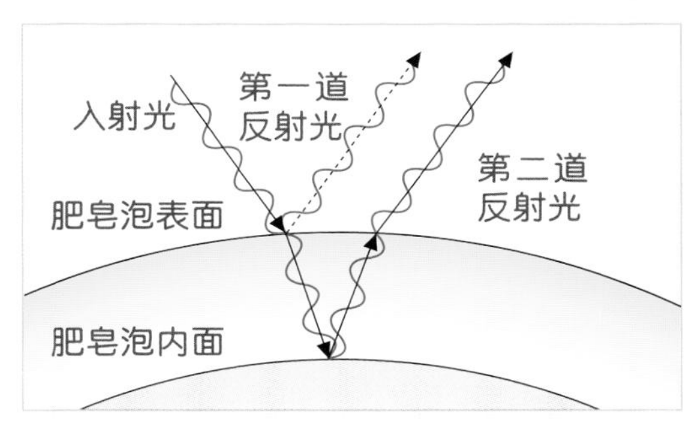

光分别在肥皂泡的表面与内面反射，两股光波互相干涉，随着肥皂膜的厚薄，产生七彩色光的增强波。（插画/王韦智）

爱因斯坦因为光电效应的论文，获得1921年的诺贝尔物理学奖。（插画/余明宗）

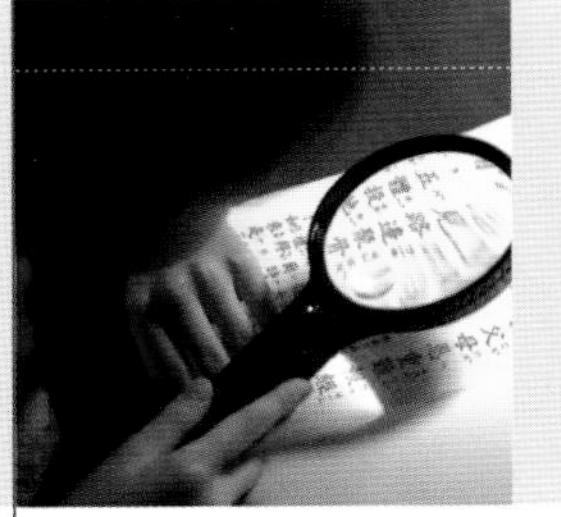

（摄影/张君豪）

单元10

光与影像

我们可以做个小实验，看看影像是怎么形成的。首先，拿针在纸板上戳一个小洞，把房里的灯全关掉，只留下一盏小灯。拿一张白纸直立在桌上，然后把穿了洞的纸板放在白纸和灯泡之间，调整一下前后位置，就可以在白纸上看到倒立的灯泡影像。这是光线经过针孔投射在白纸上形成的影像，称为“针孔成像”。照相机就是依据这个简单的小实验逐步改良而发明的。

实像与虚像

白纸上的灯泡投影，是光通过针孔投射在白纸上，光线确实到达了影像产生的位置，所以称为实像。

不过我们在镜子里看到的影像，就不是实像了。因为光并没有跑到镜子的另一边去，而是大脑把进入眼睛的光线往反方向延伸形成的。这种影像叫作虚像，虚像是无法映照在白纸上的。

光在镜子表面反射，使眼睛看见左右相反的虚像。（摄影/许元真）

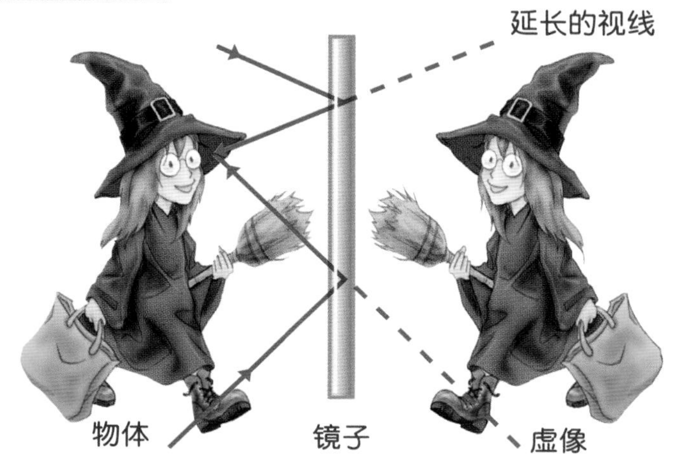

镜子的成像。光线经由镜子反射时，我们的眼睛觉得光线好像来自镜子后面，就产生了反射的虚像。（插画/吴昭季）

发自物体的光穿过针孔，在屏幕上形成上下颠倒、左右相反的实像。（插画/杨雅婷）

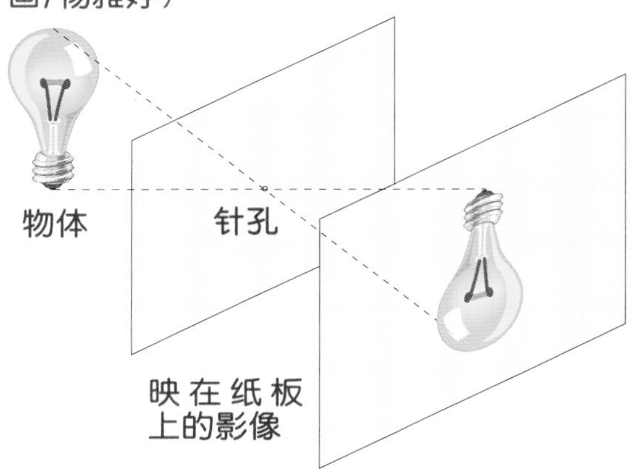

透镜与影像

使用放大镜时，看到书本上的字变成了好几倍大，你知道这是为什么吗？放大镜其实是一种透镜。光经过透镜的折射，会产生发散或聚集的效果。常见的透镜是由玻璃制成的，主要分为两种：中心比边缘薄的称为凹透镜，会使光线发散；放大镜属于凸透镜，中心比边缘厚，会使远方的光聚集在焦点上。通过凸透镜看远方物体时，会形成倒立的实像，但是看很近的物体时，则会产生放大的虚像。所以我们可以用放大镜轻松地阅读书本。

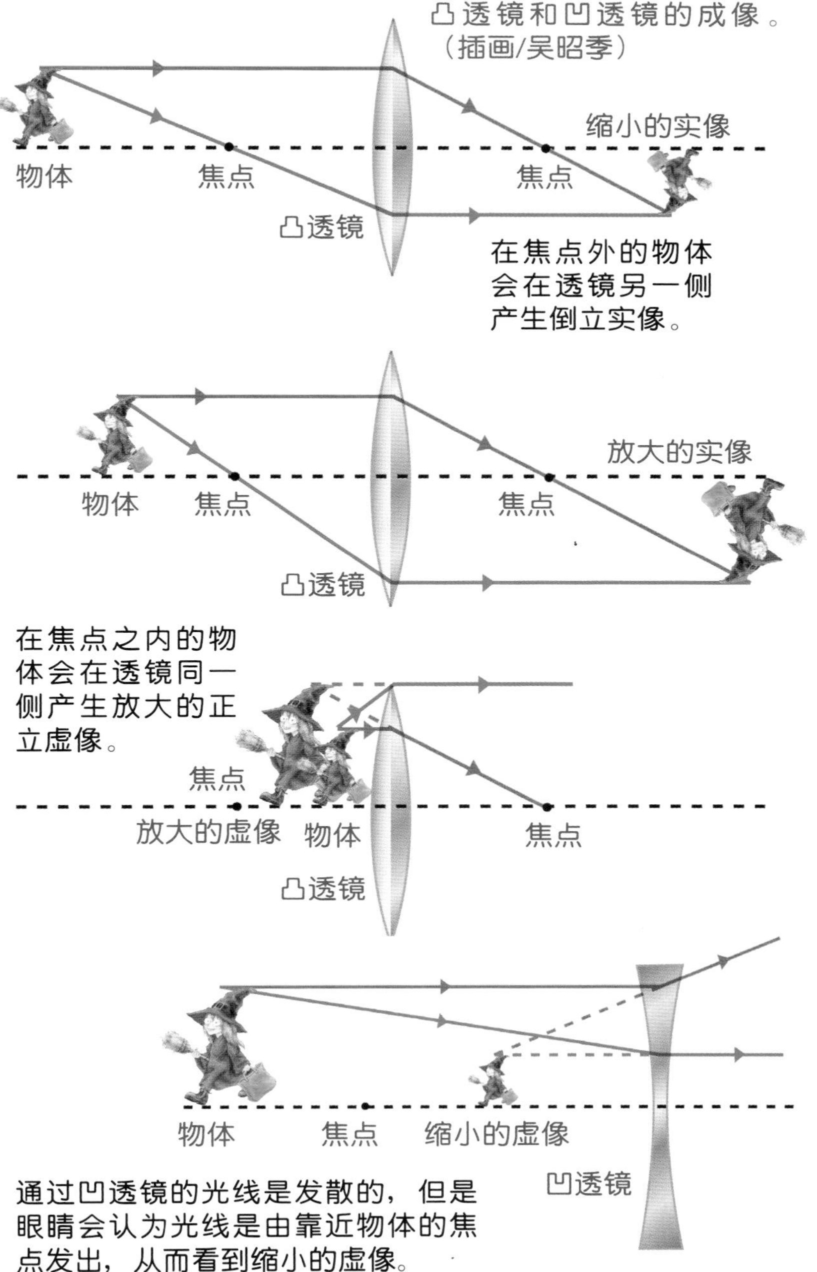

凸透镜和凹透镜的成像。（插画/吴昭季）

动手做针孔照相机

准备材料：一个方型纸盒、一个圆筒型薯片盒、铅笔、描图纸、图钉、胶带和美工刀。

1. 把圆筒盒子从距离底部15厘米的地方整齐切开，在盒子底部的圆心用图钉刺一个小洞，做成照相机的镜头。
2. 在方形纸盒的前方，用铅笔描一个跟圆筒一样大的圆，把它切下来，让圆筒可以刚好紧密套进方型纸盒里。
3. 在方型纸盒的背面割下一块长方形，长、宽须大于圆筒，再贴上描图纸。
4. 在较暗的房间里观察发光的物体，试着将镜头前后活动调整距离，看看怎样产生清晰的影像。（制作/温玉伶）

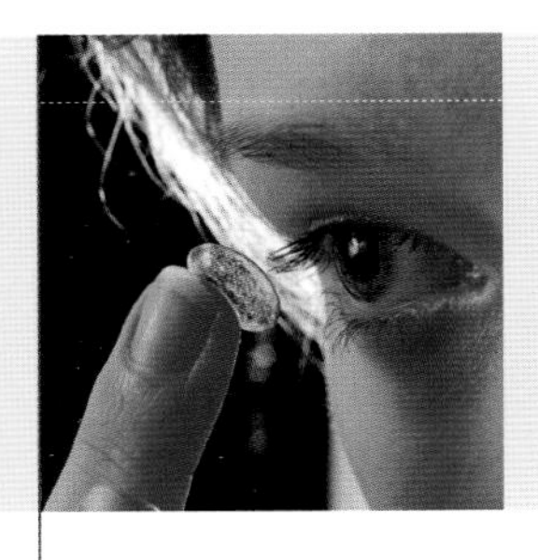

眼睛与眼镜

早期的人们误以为眼睛看得见，是因为眼睛会发出光线形成影像。其实，我们能够看见周围的事物，是因为光进入眼睛的缘故。

 眼睛的构造

眼睛是一个构造十分精密的器官，当光通过角膜后，由晶状体聚焦，在后方的视网膜上形成影像。晶状体能改变形状，看远方的物体时，晶状体变薄；看近处的物体时，晶状体则增厚，使光正好聚焦在视网膜上。

当角膜的弯曲功能或晶状体调整焦距的功能变差时，光线聚集在视网膜的前方或后方，无法准确地在视网膜上成像，就会产生视力模糊的情

当环境中的光线改变时，虹膜的肌肉伸缩使瞳孔的大小发生改变，进而调节进入眼睛的光线。

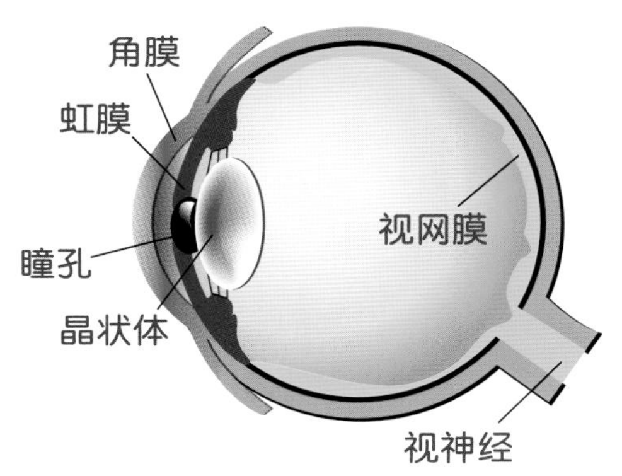

眼睛的构造。外界的光通过角膜和瞳孔后，经过晶状体聚焦，在视网膜上成像。（插画/王韦智）

猫的眼睛在昏暗中，瞳孔放得比人大，所以猫在暗处看得比人清楚。

近视与远视

近视是最普遍的一种视力问题，主要是因为长时间看近距离的物体，晶状体弹性变差，而且变厚。来自远方的光线经过晶状体后，只能聚焦在视网膜的前方，产生模糊的影像，所以患者只能看到近处的物体。

为了矫正近视，必须戴上凹透镜镜片的眼镜，让光线可以正确投影在视网膜上。

远视的成因则恰好相反，因为眼睛无法对焦在近处的物体上，影像落在视网膜的后方，所以只能看清远处的物体。

雪的反射率很高，雪面几乎跟太阳光一样亮，因此滑雪者需要佩戴深色的太阳眼镜，避免强烈的光线对眼睛造成伤害。（摄影/黄丁盛）

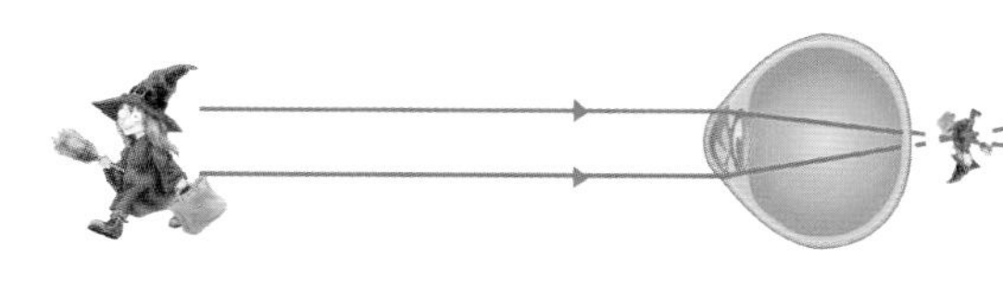

远视患者看到的物体是在视网膜后方聚焦。

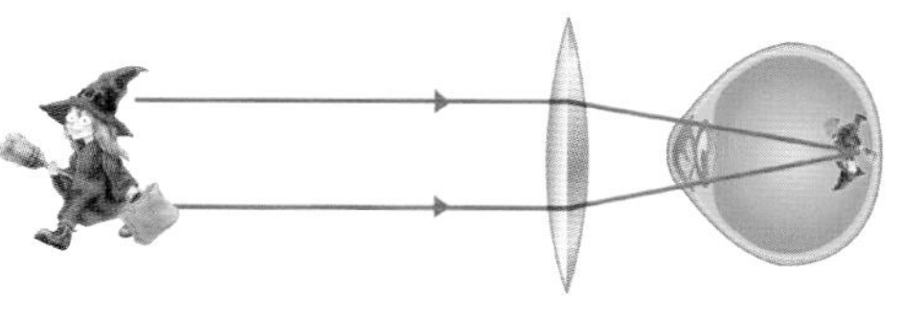

戴上凸透镜矫正后，影像才正确聚焦在视网膜上。

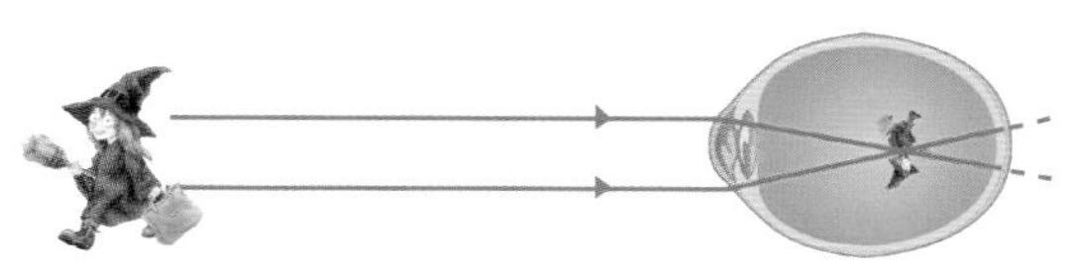

近视患者看到的物体是在视网膜前方聚焦。

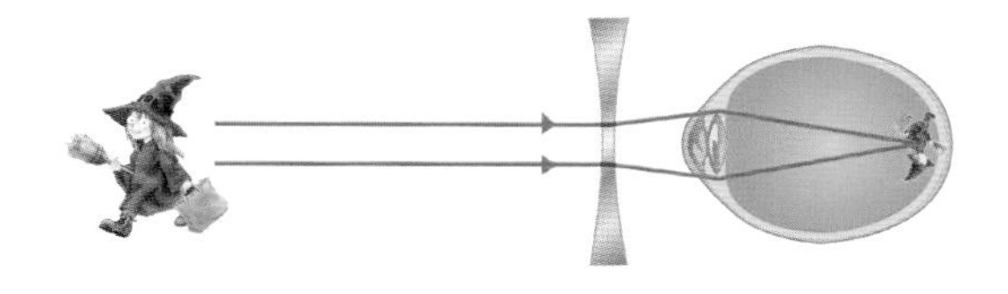

戴上凹透镜矫正后，影像才正确聚焦在视网膜上。

（插画/吴昭季）

随着年龄增长，晶状体的调节能力变差，会产生老花眼的现象，即在阅读书报或是看近物时看不清楚。远视和老花眼都得佩戴凸透镜的眼镜矫正。

眼镜的材质除了常用的玻璃，为了防止破裂的镜片割伤人，也使用合成树脂做成安全镜片。视力问题严重的人，必须佩戴曲度更高的凹透镜或凸透镜，所以镜片也越厚。

右图：制作眼镜的师傅，使用钻石磨片机调整镜片形状。（摄影/许元真）

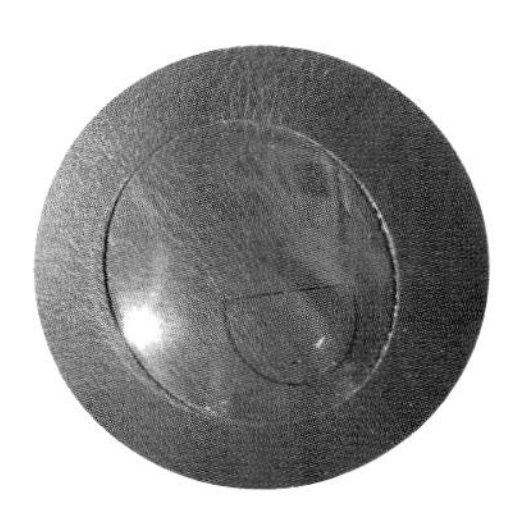

上图：双焦点眼镜是将可以看远和看近的两种镜片组合在一起。

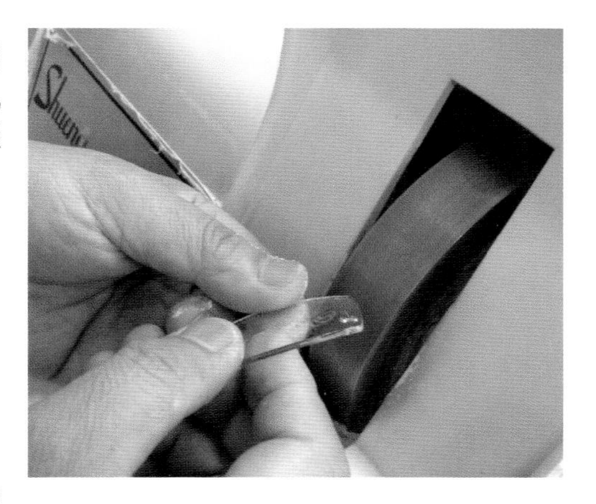

右图：眼科医师组合不同度数的镜片，帮病人调配最适合的眼镜。（图片提供/达志影像）

眼镜的历史

公元1世纪时，罗马皇帝尼禄已懂得使用凹透镜形状的绿宝石，观赏竞技比赛。大约在14世纪，意大利人开始使用以框架固定的眼镜。当时的眼镜主要是用来矫正老花眼的凸透镜。又过了100多年，近视眼镜才被发明。公元1784年，美国科学家富兰克林把近视眼镜和老花眼镜结合，发明了既可以看远也可以看近的双焦点眼镜。

1887年德国科学家发明了玻璃制的隐形眼镜，利用放在眼睛角膜前面的小型透镜，达到矫正视力的效果。1960年捷克科学家使用一种有弹性的胶片，发明了更舒适的软式隐形眼镜。

图为1600年左右，画家葛雷柯为戴着老花镜的盖瓦拉主教所绘的肖像局部。

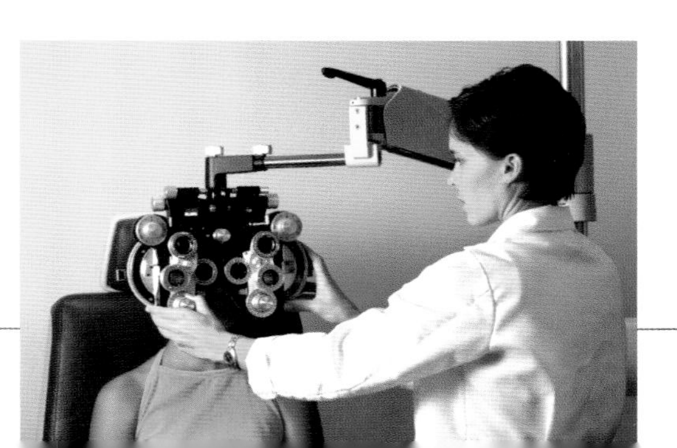

单元12

望远镜与显微镜

（台湾自然科学博物馆，摄影/张君豪）

光学仪器的进步将人类的视野无限放大。无论是遥远的太空，还是微小的病毒，通过仪器，一样看得清楚。

用显微镜观察的蝴蝶翅膀，可以清楚看到翅膀上五颜六色的鳞粉。（摄影/林燕慧）

望远镜

1609年，一位荷兰的镜片制造师利伯希，无意间将凸透镜与凹透镜放在眼睛前，结果居然看到远方教堂塔顶的风向仪！当时听到这个消息的意大利科学家伽利略，依据相同的方法做出了望远镜，并加以研究、改良，结果观察到了月球表面的坑洞、木星的4颗卫星、土星的光环等。

望远镜是由可伸缩的镜筒、目镜与物镜组成。当远方的光线进入物镜时，会先在焦点上形成较小的影像，再经过目镜将影像放大。

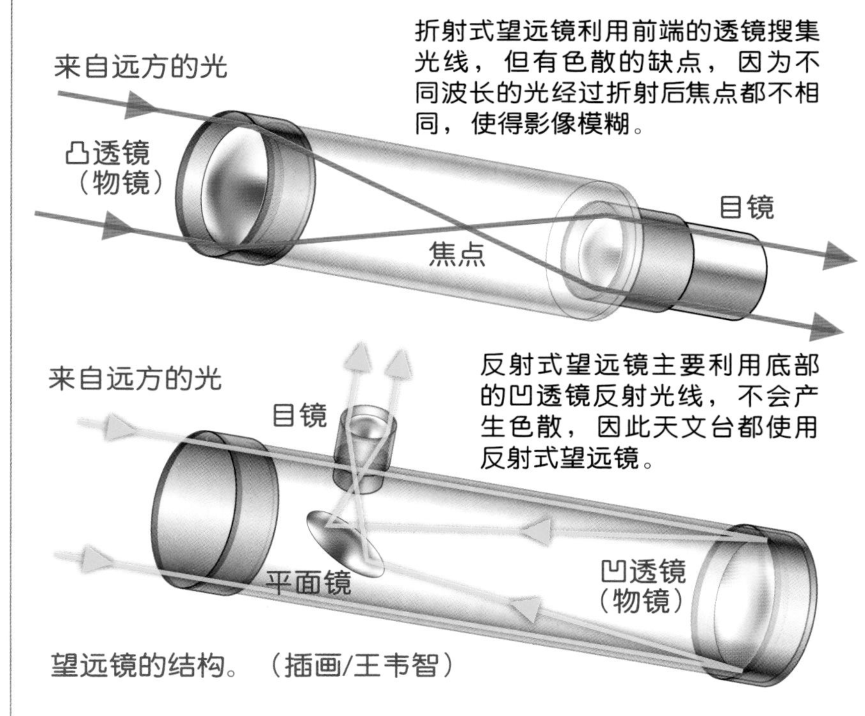

望远镜的结构。（插画/王韦智）

伽利略时代使用的望远镜，叫作“折射式望远镜”，光线经过透镜折射会产生色散，因此看到的影像会有模糊的彩色花纹。1668年，牛顿利用凹透镜制作出“反射式望远镜”，改良了折射式望远镜的缺点，影像变得更清晰。目前世界各国的天文台几乎都使用反射式望远镜。

显微镜

17世纪时，英国科学家胡克用自制的显微镜观察动植物，首次发现了软木塞中的细胞壁。10多年后，荷兰人列文·虎克制造出可以放大270倍的显微镜，成为第一位观察到细菌的人。列文·虎克的努力，启发了日后科学家对细菌等微生物的研究。

像望远镜一样，显微镜也有物镜与目镜。不同的是，微小的标本必须先放在载物台上，调整物镜靠近标本，才能进行观察。

一般的显微镜须经过光来观察物体，称为光学显微镜。但是当物体尺寸比光的波长还要小时，便无法观察到。

空中天文台——哈勃望远镜

1990年，欧洲与美国太空总署合作，把重达11吨的哈勃望远镜送上天空，在距离地表600公里的高度绕地球轨道运行。哈勃望远镜携带了最先进的光学仪器，主要反射镜片的直径为2.4米。因为位于地球大气层外，不受空气折射影响，因此这座“空中天文台”提供的影像，比地球上的天文望远镜清晰许多。哈勃望远镜通过卫星传回的太空影像，让天文学家获得许多关于宇宙的宝贵知识。

位于地球上空的哈勃望远镜，至今已经拍摄超过2万个天体。（图片来源/NASA网站）

1932年，两位德国科学家发明了电子显微镜，借由发射波长很短的电子束，可将影像放大20万倍，现在的电子显微镜则可以将物体放大5亿倍。

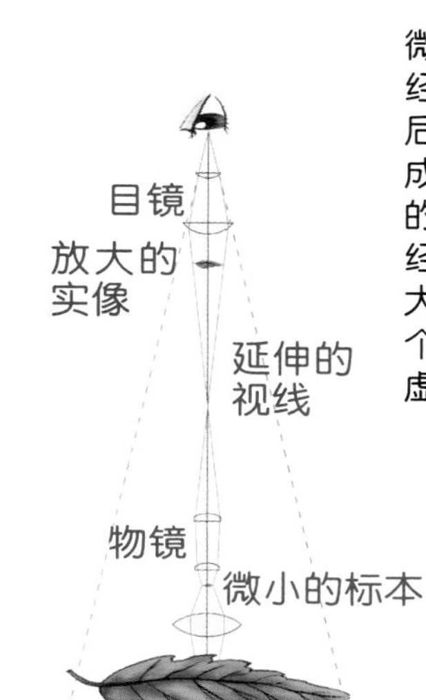

微小的标本经过物镜以后，会先形成一个放大的实像，再经过目镜放大，形成一个高度放大的虚像。

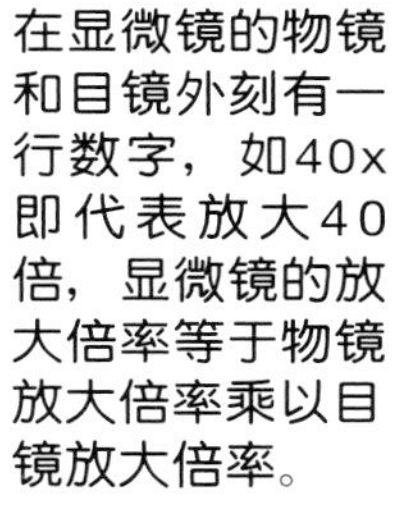

在显微镜的物镜和目镜外刻有一行数字，如40x即代表放大40倍，显微镜的放大倍率等于物镜放大倍率乘以目镜放大倍率。

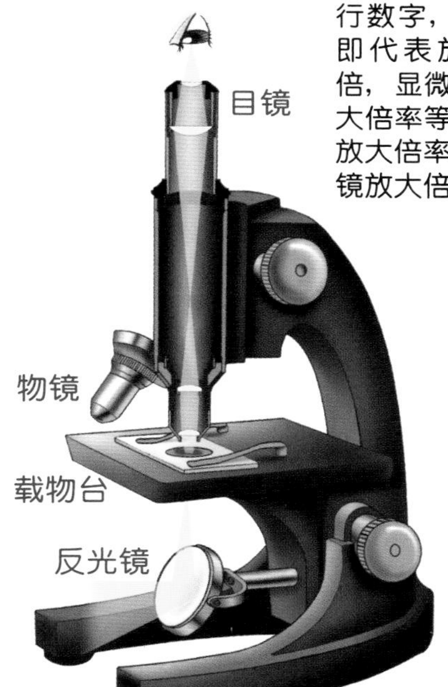

显微镜的结构与原理。（插画/陈志伟）

单元13

照相机与摄影

英文中的“照相”是由希腊文的photo（光）和graph（做画）两个词组成的，而照相的原理就是利用光的特性产生固定的影像。

照相机的前身——暗房

早在11世纪，人们运用针孔成像的原理，制作出大型暗房，让光投影在暗房内部。后来暗房演变成了暗箱，再逐步加入反光镜和移动的镜头，画家只要将画纸放在投影处，就可以精确地描绘户外的风景、建筑或是肖像。英文的照相机——Camera，就来自于拉丁文的暗房——Camera Obscura。

照相机的演变

1836年，法国人达盖尔将感光药剂涂在铜片上，当底片接触到光线，产生感光作用，影像就被固定在底片上。

埃及市场里的一位摄影师，使用老式摄影机为行人拍照。（摄影/黄丁盛）

由观景窗见到的影像

快门按钮控制底片曝光的时间长短。

快门

观景窗

五棱镜

光圈控制进入相机的光线多少。

使用单眼照相机观看景物时，光线经过镜头对焦，由反光镜和五棱镜反射进入观景窗。按下快门后，反光镜会收起，光线会使底片曝光。

反光镜

底片

镜头

底片上有卤化银晶粒，当拍照时底片吸收光发生化学变化，经过冲洗后就会显现影像。

镜头是由一组透镜组成。镜头伸缩时，透镜间的距离改变，焦点也跟着改变。因此，不论远处或近处的影像，都能清楚地呈现在底片上。

照相机的原理。（图片绘制/曾杰）

1888年，美国人伊士曼发明了简单好用的柯达照相机，隔年又发明了透明胶片制成的底片，取代了之前的纸质底片，使照相机更为普及。1995年，柯达公司推出了第一台数码照相机，不使用底片，而利用感光的电子仪器记录影像。

为了避免底片接触光线而提前曝光，必须在暗房内用化学药剂冲洗底片。

捕捉动态影像

在西班牙有幅距今3万年的洞穴壁画，画里有一只8条腿的野猪，有如在奔跑一般，这显示出人们很早就对捕捉动态影像极有兴趣。

1895年，法国的卢米埃兄弟使用兼具摄影和放映功能的手摇式摄影机，拍出了第一部电影，并在巴黎的咖啡馆公开放映。当时的观众看到迎面驶来的火车头，吓得落荒而逃。

摄影机拍摄的影像，在胶卷上呈现出来的仍是一帧帧分开的画面，我们会看见连续的影像其实是“视觉暂留”的原理，也就是每个画面会在大脑中短暂停留1/16秒。1秒钟连续播放16张以上的分格画面，就会形成连续动作。一般拍摄和放映胶卷的速度是每秒钟24格画面，因此画面看起来更加流畅。绘制卡通动画也是运用同样的原理。

电影放映机内装有灯光，胶卷转动时，一帧帧的画面便连续投影在银幕上。

立体电影

人的眼睛看东西会产生立体感，是因为两只眼睛看物体的角度不一样，大脑将来自左、右眼的两个影像整合在一起，就产生了立体的感觉。

立体电影拍摄的原理就是用两台摄影机同时拍摄同一个画面，模拟出两眼的视差。立体电影放映时，再利用特殊的立体眼镜，让两架摄影机的影像分别传到两只眼睛，当大脑接收到这种人工制造的视差时，就会产生一个有深度的立体影像了。

（摄影/张君豪）

单元14

光学技术新发展

科技的世界日新月异，光学上的新技术——激光和光纤，又如何改变我们的生活呢？

激光

1960年，激光技术由美国人梅曼发明。他利用闪光圈将特定物质激发到高能量状态，释放出携带能量的光。这种光和一般光不同，是一种波长完全相同的色光。细细的激光光束可以集中朝着特定方向前进，经过一段距离也不会散开。

通过电脑的控制，高能量的激光光束可以用来切割钻石、进行测量，还能超越传统手术刀的功能，让微血管凝固，进行更精密的医疗手术。例如激光近视手术就是使用“准分子激光”将角膜稍微削平，改变角膜的屈光度，让影像可以准确地投射到视网膜上，达到矫正近视的功能。

纽约的夜空，两道激光束取代了在“9·11事件”中全毁的双子星大楼。（图片提供/达志影像）

CD在制作过程中，先利用激光的能量，在光碟背面刻下一个个微小的凹洞，记录声音的波长变化。CD唱机发射激光束，侦测光碟背面反射光的强弱，再转变成电子信号，将音乐播放出来。

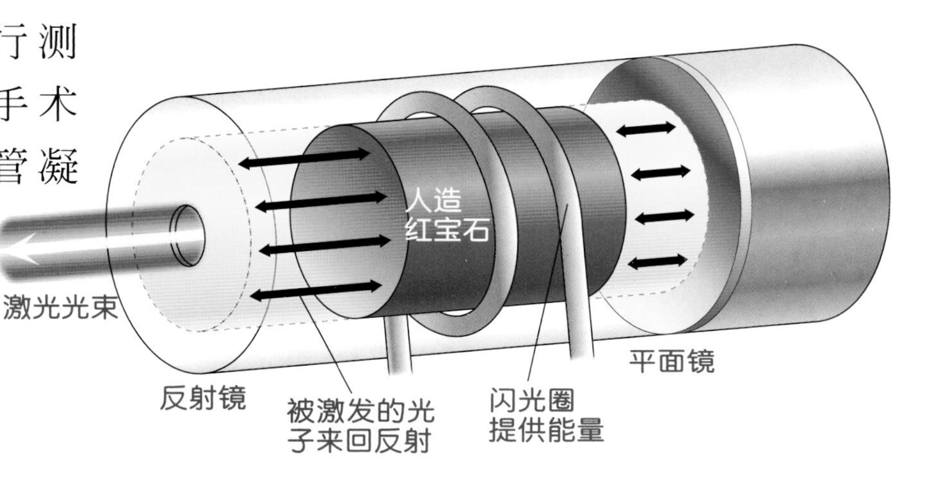

激光产生器的原理。提供能量使物质的原子达到高能状态，然后释放光线。光线在两面镜子间来回反射，从其中一面镜中的小洞射出。（插画/王韦智）

光纤

光纤的材质可以是玻璃或塑料，里头的核心部分让光通行，外部再包裹一层纤衣。这样的结构好像一条四周布满镜子的管线，当光线进入光纤时，在内部不断地进行全反射，快速地沿着管线到达另一端。一条细细的光纤，可以传递的信息相当于几百万条电话线，所以从1970年光纤发明以后，铜制的电话线纷纷被光纤取代。

光纤还可以应用在医疗方面。医生可以通过光纤制成的内窥镜检查人体内部的器官，内窥镜前方装有灯光和迷你镜头，通过光纤将体内器官的影像传回，不需开刀就可以诊察体内器官。

右图：光纤做成的传导线，可以将光线的信号传送到另一端。（摄影/彭子轩）

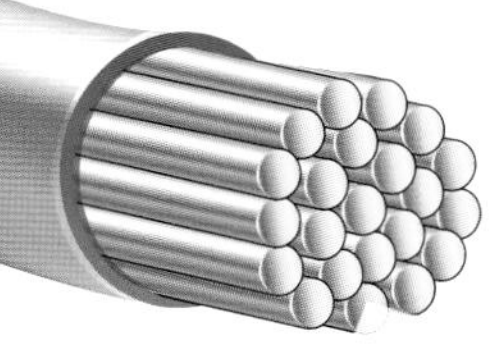

左图：一束光纤电缆中有数根光纤，由于光在光纤中全反射，所以传播速率快，能量损耗很低。（插画/王韦智）

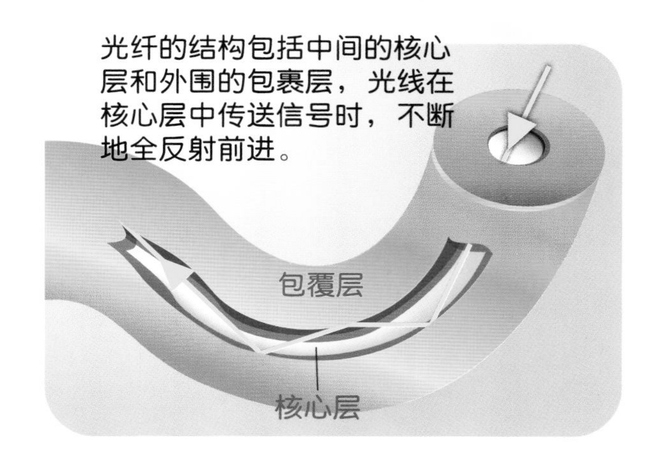

光纤的结构包括中间的核心层和外围的包裹层，光线在核心层中传送信号时，不断地全反射前进。

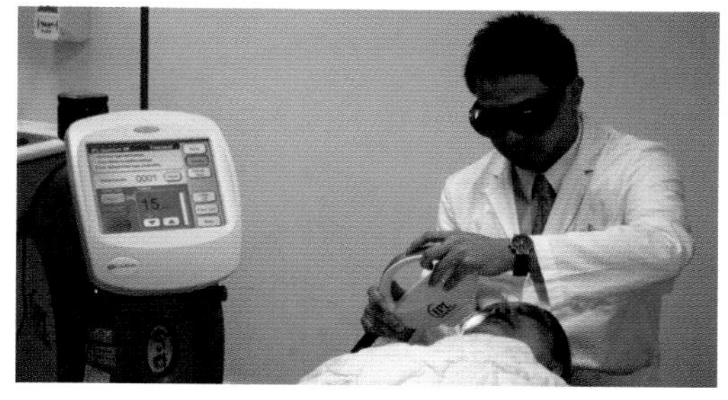

皮肤科医师利用激光进行治疗。（台湾耕莘医院杨志雄医师，摄影/张君豪）

如何测量地球与月球的距离

你知道吗？激光还能帮我们测量地球与月球之间的距离。自从阿姆斯特朗登陆月球以来，美国与俄罗斯的宇航员一共在月球上放置了5组反射镜。当科学家从地面向月球发射出一道激光，并记录激光从月球反射回来的时间，将这个时间乘以光的速度，就可以计算出地球和月球之间的距离。因为月球绕行地球的轨道呈椭圆形，所以地球和月球间的距离每天都不一样，平均大约是384,400公里，最远和最近的距离大约相差46,000公里。

英语关键词

光 Light

影 Shadow

明亮的 Bright

暗的、深色的 Dark

照明 Lighting

蜡烛 Candle

火把 Torch

灯 Lamp

路灯 Street Lamp

油灯 Oil Lamp

灯泡 Light Bulb

霓虹灯 Neon Light

灯塔 Lighthouse

灯笼 Lantern

荧光 Fluorescence

萤火虫 Firefly

阳光 Sunlight

日晷 Sundial

月光 Moonlight

星光 Starlight

极光 Aurora

可见光 Visible Light

不可见光 Invisible Light

红外线 Infrared (IR)

紫外线 Ultraviolet (UV)

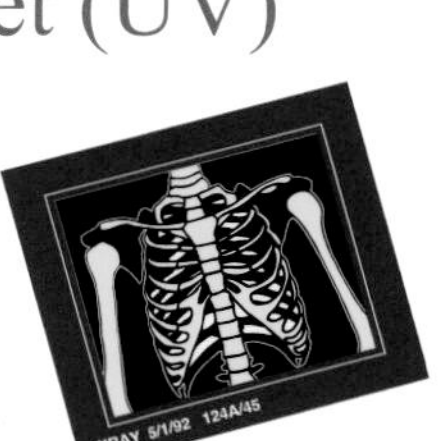

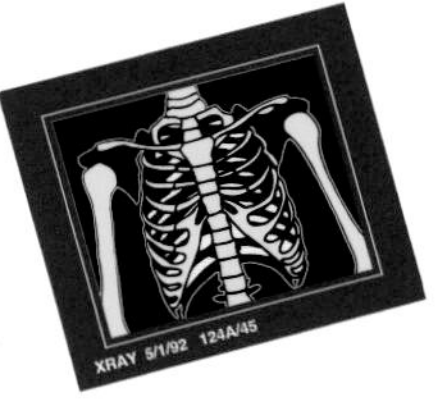

X光 X-ray

波长 Wavelength

光谱 Spectrum

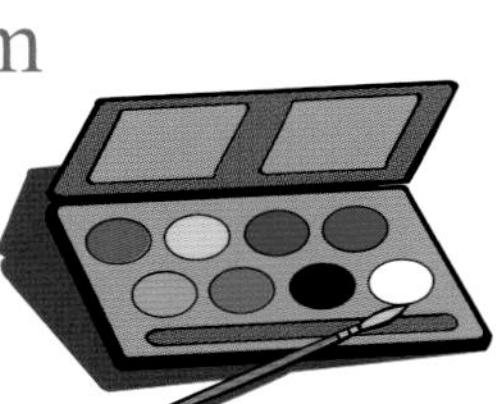

颜色 Color

红 Red

橙 Orange

黄 Yellow

绿 Green

蓝 Blue

靛 Indigo

紫 Violet

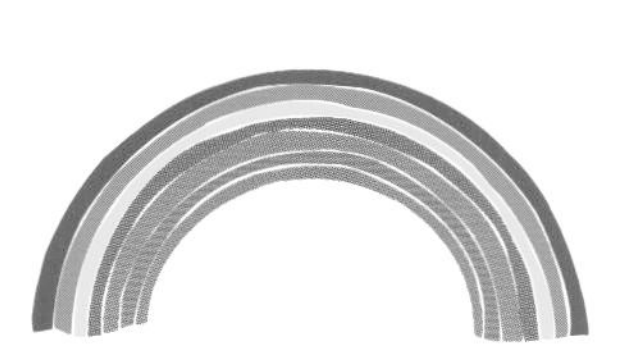

白 White

黑 Black

彩虹 Rainbow

镜子 Mirror

玻璃 Glass

凸面镜 Convex Mirror

凹面镜 Concave Mirror

反射 Reflection

透明的 Transparent

半透明、透光的 Translucent

不透明的 Opaque

眼睛 Eye

眼镜 Eyeglasses

太阳眼镜 Sunglasses

近视 Near Sighted

远视 Far Sighted

隐形眼镜 Contact Lens

影像 Image

透镜 Lens

放大镜 Magnifying Glass

显微镜 Microscope

望远镜 Telescope

底片 Film

照相机 Camera

照片、拍照 Photograph

电影 Movie , Film

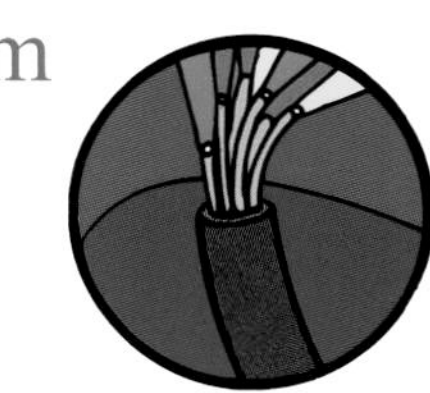

激光 Laser

光纤 Optical Fiber

新视野学习单

1 请举出5种会发光的物体，再想想看，其中哪些属于人造光源？

____

（答案在06—07页）

2 下列关于光与颜色的叙述，哪些是正确的？（多选）

1.反射所有光的物体看起来是黑色的。
2.光的三原色是红、绿、蓝。
3.通过绿色的玻璃纸看红色的苹果，苹果会变成黑色。
4.电脑荧幕最多可以呈现256种不同的颜色。
5.可见光的波长范围介于红外线和紫外线之间。

（答案在11—13页）

3 连连看，下列哪些东西是透明、不透明或半透明？

茶水·	·透明
木头·	
金属·	
空气·	·半透明
1张玻璃纸·	
20张玻璃纸·	·不透明

（答案在18—19页）

4 连连看，下列现象是由光的哪种性质造成的？

美丽的彩虹·	
亮晶晶的钻石·	·光的反射
吸管在水中好像折断了·	
在水中能看到自己的样子·	·光的折射
两面镜子对照产生无数个镜子·	

（答案在16—17、20—21页）

5 哪些现象可以说明光具有波动的性质？（多选）

1.晴天时在树下会有阴影。
2.将手挡在灯光前面，会出现手影。
3.肥皂泡上的七彩花纹。
4.双缝实验的屏幕上明暗相间的条纹。
5.游泳池的底部看起来比实际上浅。

（答案在20、22、23页）

6 在空格里正确填入凸面镜、凹面镜、平面镜：

1.弯曲的道路边常装____，让驾驶员看清对面来车。
2.商店的天花板角落装____，让店员察看角落状况。
3.手电筒或车灯后方装____，使灯光能向前投射较远。
4.洗手间的大镜子通常是____，方便我们整理仪容。
5.牙医使用小型____产生较大虚像，便于检查牙齿。

（答案在16—17页）

7 这些影像是实像还是虚像，请在正确的空格内打勾。

	实像	虚像
在针孔相机的屏幕上看到的影像	（　）	（　）
在车子的后视镜里看到的影像	（　）	（　）
通过显微镜看到的影像	（　）	（　）
在汤匙的背面看到的影像	（　）	（　）
在照相机的底片上呈现的影像	（　）	（　）

（答案在17、24—25、30—31页）

8 下列叙述哪些是正确的？（复选）

1.眼睛的晶状体可以改变厚度来调节焦距。
2.近视眼需佩戴镜片是凸透镜的眼镜。
3.反射式的天文望远镜成像比较清晰。
4.显微镜的放大倍数是目镜的倍数乘以物镜的倍数。
5.伽利略用望远镜发现了木星的4颗卫星。

（答案在26—29页）

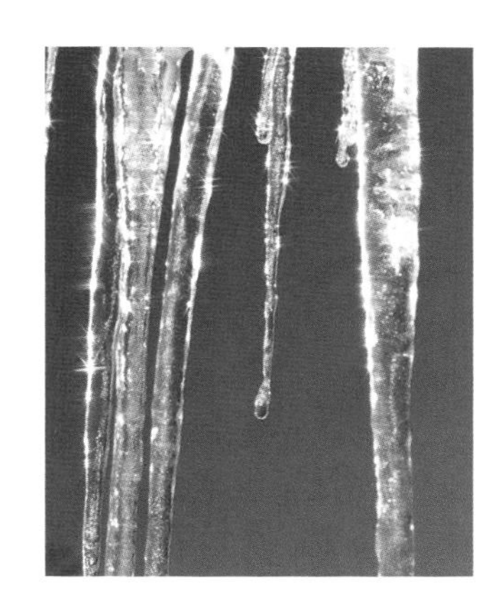

9 连连看，照相机的各部位有什么功用：

镜头·	·光线不足时增加亮度
底片·	·调整焦距
快门按钮·	·控制曝光时间的长短
闪光灯·	·控制曝光光线的多少
光圈·	·产生光化学反应记录影像

（答案在30页）

10 连连看，下面几种重要成就由谁最先达成？

卢米埃兄弟·	·用显微镜看到细菌的第一人
爱因斯坦·	·发明柯达相机
伦琴·	·提出光同时有波动与粒子的特性
伊士曼·	·发明制造激光的技术
列文·虎克·	·拍出第一部电影
梅曼·	·发现X光

（答案在19、23、29—32页）

我想知道……

这里有30个有意思的问题，请你沿着格子前进，找出答案，你将会有意想不到的惊喜哦！

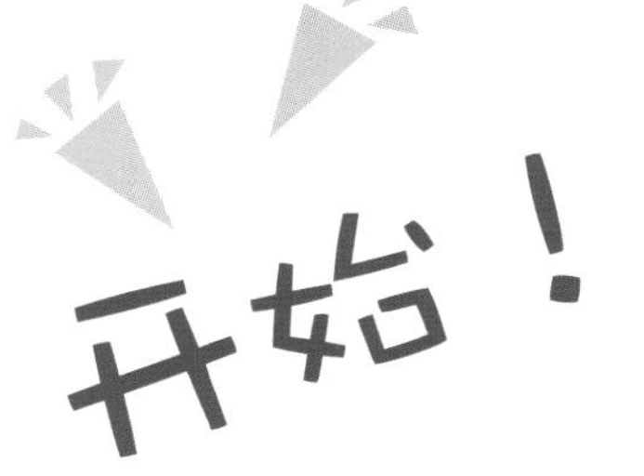

没有电灯前人类用什么照明？ P.06

古代的烽火有什么作用？ P.06

太阳为发光发

为什么水里的鱼看起来比实际更接近水面？ P.21

为什么雨过天晴时天空会出现彩虹？ P.21

为什么星光看起来会一闪一闪的？ P.21

太棒得美牌。

为什么吸管放入水杯中，看起来好像折断的？ P.20

激光和一般光线有何不同？ P.32

激光唱片怎样记录声音的信号？ P.32

医疗用的内窥镜，是利用什么传输人体内的影像？ P.33

为什么X光可以穿透许多物质？ P.19

为什么人可以看见立体的世界？ P.31

什么是“视觉暂留”？ P.31

颁发洲金

太厉害了，非洲金牌也是你的！

为什么气体大部分是透明的？ P.19

在玻璃之前，人们使用什么材料制造镜子？ P.16

为什么黄金比其他金属更耀眼？ P.16

太阳光球需要间？

什么会
热?
P.08

人类使用电灯的历史有多久?
P.08

为什么日光灯又叫荧光灯?
P.09

不错哦，你已前进5格。送你一块亚洲金牌！

什么叫作冷光?
P.09

为什么放大镜可以让书本的字体变大?
P.25

为什么肥皂泡会出现七彩的颜色?
P.23

了，赢
洲金

牛顿利用什么来证明太阳光有各种颜色?
P.10

为什么在雪地上要戴墨镜?
P.26

太好了！
你是不是觉得：
Open a Book！
Open the World！

什么是看不见的光?
P.11

为什么眼镜可以矫正视力?
P.27

为什么大气层外的哈勃望远镜，可以观察到更清晰的影像?
P.29

大洋
牌。

为什么夜视镜在黑暗中也可以观察物体?
P.11

当物体反射所有光线，会呈现什么颜色?
P.12

获得欧洲金牌一枚，请继续加油！

电脑荧幕怎样呈现各种色彩?
P.13

到达地
多长时
P.15

图书在版编目（CIP）数据

光的世界：大字版 / 李培德撰文．—北京：中国盲文出版社，2014.9

（新视野学习百科；47）

ISBN 978-7-5002-5410-2

Ⅰ．①光… Ⅱ．①李… Ⅲ．①光学—青少年读物 Ⅳ．① O43-49

中国版本图书馆 CIP 数据核字 (2014) 第 209921 号

原出版者：暢談國際文化事業股份有限公司

著作权合同登记号 图字：01-2014-2076 号

光的世界

撰　　文：李培德

审　　订：王　伦

责任编辑：王丽丽

出版发行：中国盲文出版社

社　　址：北京市西城区太平街甲 6 号

邮政编码：100050

印　　刷：北京盛通印刷股份有限公司

经　　销：新华书店

开　　本：889×1194　1/16

字　　数：33 千字

印　　张：2.5

版　　次：2014 年 12 月第 1 版　2014 年 12 月第 1 次印刷

书　　号：ISBN 978-7-5002-5410-2 / O · 26

定　　价：16.00 元

销售热线：（010）83190288 83190292

绿色印刷　保护环境　爱护健康

亲爱的读者朋友：

本书已入选“北京市绿色印刷工程—优秀出版物绿色印刷示范项目”。它采用绿色印刷标准印制，在封底印有“绿色印刷产品”标志。

按照国家环境标准（HJ2503-2011）《环境标志产品技术要求 印刷 第一部分：平版印刷》，本书选用环保型纸张、油墨、胶水等原辅材料，生产过程注重节能减排，印刷产品符合人体健康要求。

选择绿色印刷图书，畅享环保健康阅读！

北京市绿色印刷工程